MOYENS

DE CONSERVER LA SANTÉ

DES COCHONS.

Tout exemplaire non numéroté et signé de la
main de l'auteur est déclaré contrefait.

N° *deuxième* *Villainet*

MOYENS

DE CONSERVER LA SANTÉ

DES COCHONS;

APERÇU HYGIÉNIQUE

RENFERMANT

Des détails étendus sur la conformation de cet animal, sa physiologie, ses qualités morales, les substances dont il se nourrit, celles qui peuvent lui nuire, les moyens de diriger sa nourriture, sa tenue, l'engraissement, etc., etc., ouvrage où ont été considérées certaines variétés de cochons qui jusqu'ici n'avaient point fait partie du domaine Agricole et Vétérinaire,

DÉDIÉ A DOM GROGNARD,

VERRAT-MAJOR-ÉMÉRITE

et gros pensionnaire de Villers-Bettnach, etc.

PAR L.-V. COLLAINE,

ANCIEN PROFESSEUR ET MÉDECIN-VÉTÉRINAIRE, MEMBRE DE PLUSIEURS SOCIÉTÉS SAVANTES.

Je les panse et Dieu les guarist.
A. PARÉ.

METZ, IMPRIMERIE DE COLLIGNON.

—

1839.

AVERTISSEMENT.

Presque chaque année, une maladie, en quelque sorte
enzootique, emporte dans cet arrondissement des milliers
de cochons sans que, soit par désespoir du succès, expérience de l'insuffisance des vétérinaires, difficulté et
frais d'appel de ces derniers, ou même le peu de latitude
que laisse un mal auquel succombent les animaux souvent en trop peu de temps, pour permettre à qui vit
éloigné des villes de chercher et organiser des secours,
les propriétaires aient été déterminés à abandonner ce
fléau à la nature.

Considérant que les diverses instructions publiées de
loin en loin contre les maladies de l'animal dont nous
allons nous occuper, sont pour la plupart copiées ou
extraites d'anciens documents composés originairement
dans des contrées plus ou moins éloignées de la Moselle,
et ne peuvent être appliquées au bétail de ses rives sans
subir des modifications auxquelles il ne paraît pas qu'on

A

ait songé, j'ai pensé que puisqu'on ne m'appelait jamais pour cette sorte de cas, il fallait reprendre en sous-œuvre ce sujet pour l'asseoir sur les grandes bases de l'hygiène, idée qui m'a amené à donner dans cet essai un ensemble de moyens généraux de conserver la santé des cochons, et en conséquence à exposer les principes d'une tenue et d'un régime sains, marche qui conduit directement à prévenir non seulement la maladie annuelle, mais même toutes les autres quelles elles soient, disposition beaucoup plus efficace que multiplier les formulaires de prétendues recettes curatives, d'autant plus incertaines dans leur effet que non seulement il n'y a point de spécifiques, c'est-à-dire de remèdes propres à guérir indistinctement, dans tous les temps et dans les climats les plus différents toutes les espèces de maladies, comme le supposent les prôneurs de panacées, mais qu'il n'y en a pas même pour surmonter constamment et infailliblement la même maladie en toutes circonstances, puisque l'état du sujet, son sexe, son âge, la manière dont il a été élevé, les phases du mal, le mode de préparation du moyen et du sujet, la saison, le climat, la température et mille autres circonstances apportent à cet égard les différences les plus marquées.

Si cette vérité dès long-temps connue en médecine comme axiôme faisait partie d'une bonne éducation, si

on y faisait connaître que la plupart des moyens médicinaux consistent purement et simplement à lever des
obstacles, les candidats appelés à différents titres à pré-
sider dans l'administration civile ou à commander mili-
tairement, ne seraient plus exposés à laisser surprendre
leurs subordonnés moins instruits par ces myriades de
charlatans de toutes espèces qui courent les champs,
estropient ou empoisonnent bêtes et gens, ou tout au
moins extorquent le plus souvent les derniers moyens
pécuniaires du nécessiteux infirme qui fondait sur eux
l'espoir de son rétablissement ou de celui de ses bestiaux.
Des jeunes gens de famille, leurrés pendant un temps
précieux par cette illusion, ne seraient point condamnés
pour la vie à une existence semée de cruelles douleurs
consécutivement à la négligence d'un mal qui en attaque
les sources, qui n'est rien entre des mains habiles et
honnêtes, mais à qui les mauvais remèdes donnent le
temps de s'enraciner, infecter journellement des souches
entières dans lesquelles il s'immatricule en quelque sorte
pour plusieurs générations, en devenant en même temps
un véritable Potosi pour ces escrocs !

N'osant dédier ce livre à homme qui vive, de peur, vû
son titre, de provoquer des susceptibilités que la mal-
veillance est habile à soulever, surtout dans cette ville si
amplement pourvue d'esprits de travers et de gens péné-

A*

trants qui connaissent tout, hors leur propre ignorance, docteurs en points et virgules, ferrés à glace sur le singulier et le pluriel; ville qui surabonde en prétentieux tellement perspicaces qu'un vent lâché par un léthargique y entraîne peine de mort dans les vingt-quatre heures; qu'y avoir la vue courte ou marcher distrait dans les rues y font courir des chances de pertes de places, de procès, etc.; qu'avant qu'un homme ait ouvert la bouche, ces sublimes intelligences ont déjà deviné ce qu'il a envie de dire ou ce qu'il pense, et ses occupations secrètes; êtres qui, du reste, sont toujours fâcheux dans leurs interprétations, et ne se contentant point du rôle passif de spectateurs, s'empressent de nuire conformément aux hypothèses plus ou moins ridicules qu'ils se sont formées; zélés à contraindre à épouser les opinions qu'ils n'ont pas eux-mêmes; qui, s'ils sont chargés de rechercher le crime, ont la subtilité de prendre le voleur pour le volé, et vicè versa; Olibrius desquels d'ailleurs les larges et longues oreilles ne s'ouvrent qu'au premier, surtout s'il a déjà eu le temps de se créer et consolider une influence par l'ostentation du fruit de ses rapines, argument de probité tellement irrésistible pour maint et maint génie de cette force, qu'ils ne sauraient refuser assistance zélée aux auteurs de ces vols; intelligences cubiques, pétillant d'une telle

pénétration qu'on les a vus charger les industriels soumis à leurs investigations, de recherches à diriger
contre eux-mêmes et leurs complices!!! Pour éviter
ces dangers, je me suis déterminé à adresser mon travail
au héros du livre même, personnage aussi digne que
bien d'autres, représenté par un sanglier aussi officieux
que colossal, jadis très-connu dans un canton de ce pays,
où en 1819 et 1820 il remplissait les fructueuses fonctions de verrat communal, et y était rétribué et protégé
par les communes qui, d'après convention faite, payaient
ses dégats dans les cultures, afin d'ôter aux particuliers
tous motifs de le détruire.

Le style qui règne dans cet opuscule, et certaines
particularités qu'on y rencontre, pourront surtout, en
raison de la bénignité de plus d'une disposition locale,
être employés à faire prendre le change sur son objet;
mais la lecture du texte suffira pour convaincre qu'à de
très-courtes et très-rares exceptions près, le sujet est
traité conformément à son titre, et uniquement dans
un but d'utilité publique.

Le nombre de cette espèce de pédants qui affectent
non seulement de ne jamais plaisanter, mais dont la
hautaine gravité s'offense quand on ose s'oublier jusqu'à
se donner la licence très-grande de rire irrévérencieuse-
ment en leur arrogante présence; qui, en conséquence,

considèrent la gaîté comme une disposition populacière, est si grand que bien assurément tous ces Mylords de mauvaise humeur formeront groupe pour affecter de se scandaliser de celle avec laquelle j'ai traité un sujet qui au premier aspect n'en semble guère susceptible, et qui ne paraît même offrir aux esprits superficiels que des idées rebutantes comme la bête qui en est l'objet.

La lecture de ce petit ouvrage fera probablement revenir de leurs préventions ceux d'entre ces graves personnages qui seront de bonne foi ; aux malveillants, je n'ai rien à objecter, puisque chez eux c'est parti pris ; quant au public, je serai bien facilement admis à lui représenter d'abord, qu'en embrassant l'art vétérinaire je n'ai nullement contracté l'obligation de devenir maussade, et que je puis d'autant mieux m'égayer en soignant mes bestiaux, que Dieu fait tous les frais de leur guérison. D'ailleurs, la providence m'ayant constitué l'esprit à rebours, je dois nécessairement rire conformément au proverbe : « Marchand qui perd ne peut pas rire. »

En ce qui concerne le corps de l'ouvrage, je n'ai point insisté sur les détails physiologiques, et ai dû me restreindre aux particularités splanchnologiques indispensables au sujet : davantage eût été inutile à qui a fait des études méthodiques, et serait resté inabordable aux personnes étrangères à la science anatomique.

On me reprochera sans doute plusieurs répétitions; en y réfléchissant, on en comprendra la nécessité qui a dû se multiplier en raison des divers points de vue sous lesquels l'objet a été examiné.

En général, j'ai évité autant que possible l'emploi des termes techniques, ce qui ne m'ayant pas toujours été facile, m'a forcé à y suppléer par un nombre suffisant de notes explicatives; j'ai pareillement donné la signification de diverses expressions populaires usitées dans ce pays, et employées par moi pour me mettre à la portée de tout le monde.

L'indispensable obligation de réintégrer dans la langue des termes tombés en désuétude, et d'en créer plusieurs autres, sera reconnue trop évidente pour avoir besoin de justification.

Les expériences indiquées pages 120, 121, etc., ayant été faites à une latitude très-élevée vers le nord, ne peuvent être utilisées ici sans être derechef vérifiées, vu la probabilité d'une majeure excitabilité du cochon Lorrain, comparativement à ceux du Danemarck et de Suède.

DEUX MOTS

SUR L'ÉPITRE

A DOM GROGNARD.

Malheur au bon esprit dont la pensée altière
D'un cœur indépendant s'élève toute entière,
Qui respire un air libre et jamais n'applaudit
Au despotisme en vogue, à l'erreur en crédit.
. . . .
Mais ferme en ma route et vrai dans mes discours,
Tel je fus, tel je suis, tel je serai toujours.
(Lady M. V. MONTAGUE.)

QUOIQUE l'épître à DOM GROGNARD ne soit au fond purement et simplement qu'une ébauche d'histoire naturelle morale du cochon traitée négativement et comparativement, plus d'un rejeton de la maison de SOTTENVILLE s'y reconnaîtra sans que j'aie songé à lui; mainte délicatesse de commande s'en offensera tout aussi vainement, car celles réellement atteintes sont si peu respectables, malgré l'importance ridicule qu'affectent de se donner ceux qui les réunissent, et la considération intéressée qu'ils obtiennent de leurs adulateurs, que j'ai peu à m'embarrasser de les indisposer. A quoi bon me gênerai-je d'ailleurs, puisqu'on

b

s'est vanté de n'avoir manqué qu'accidentellement de me faire expier par une fin infâme le tort horrible de m'être refusé d'être le docile instrument de la vindicte ridicule de certains quidams contre des personnes qui ne leur avaient jamais porté le moindre préjudice, qui ne les connaissaient même pas, et qu'on s'est promis d'arriver tôt ou tard au but désiré, en provoquant et mettant en défaut ma longanimité.

Quelle que soit l'opinion qu'on se formera de l'épître à DOM GROGNARD, je pense que moralement considérée, elle pourra être d'une utilité d'autant plus marquée que les vices et les abus qui y sont signalés sont plus généralement répandus, et que le langage que j'y ai adopté est parfaitement à la portée de ceux qui ont le plus besoin de l'entendre. En vain, dénaturant le sens de mes expressions, on prétendra que j'ai mis l'homme au-dessous de la brute ; mais je ne reconnais point comme mes semblables les êtres entachés des vices et des habitudes signalés dans l'épître qui, par sa présence dans l'ouvrage sur les cochons, est un musée digne de les recueillir.

A TRÈS-HAUT, BIEN DODU, AMPLISSIME
ET EXCELLENTISSIME

DOM GROGNARD,

VERRAT-MAJOR ÉMÉRITE ET GROS PENSIONNAIRE DE VILLERS-BETTNACHT,
ST.-HUBERT, GODCHUR ET AUTRES LIEUX.

TRÈS-PUISSANT CURATEUR DES LAIES ET DES TRUIES!

L'UTILITÉ continuelle, générale et incontestable que tirent le monde chrétien et l'univers payen de la personne salée ou non de vos analogues, est connue de si longue date des plus grands comme des plus petits, qu'il serait fastidieux de le rappeler ; les anciens comme les modernes, les barbares et les sauvages comme les peuples civilisés, voire même jusqu'aux loups qui, quand vos redoutables broches leur en permettent l'usage, préfèrent votre chair à toute autre, me sont de sûrs garants que, sous ce rapport, l'éloge que je fais des bonnes qualités de votre succulente famille ne sera point trouvé exagéré.

A quoi me conduirait d'ailleurs, AMPLISSIME GROGNARD, de célébrer une multitude de formes

b*

décrites dans les ouvrages gastronomiques, et sous lesquelles les cuisiniers font ressortir VOTRE SUCCULENCE
et la parent de tant d'ornements, la relèvent d'aro-
mates, de parfums et d'épices si variées apportées
à grands frais de tous les points du globe, que vous
excitez les désirs des plus jolies bouches qui, dans les
transports d'un appétit juvénil, n'hésitent pas à lui
accorder mille et mille baisers, sans s'embarrasser ni
rougir de toucher V. A. E. à quelles surfaces ce soit,
même à celles que les pudibons et les sots désignent
encore si ridiculement sous le nom de parties hon-
teuses.

VOTRE SUCCULENCE est trop modeste, APPÉTISSANT
GROGNARD, pour s'énorgueillir de tels succès, et même
trop rempli de mœurs pour comprendre ce que j'en
dis; en effet, quoiqu'ennemi mortel du jeûne et de
l'abstinence, V. A. E. a l'avantage d'être sain, puisque par bulle du Pape Alexandre VI, votre conscience
connue des dévotes même les plus timorées sous le
nom de saindoux a été, vers 1492, quant au royaume
de Grenade, affranchie des prohibitions concernant
les jours maigres.

Côtelettes, grillades, soient musculeuses, soient hé-
patiques, andouilles, boudins, saucissons, saucisses,
fromages, cervelas, bondioles, zampettes, jambons
et jambonneaux, pieds à LADITE SAINTE, etc., etc.,
ornent les tables des grands et réjouissent celles des
moyennes fortunes : la hure de V. A. E. telle que le
buste d'un héros, domine majestueusement les apprêts

d'un somptueux festin, ou orne pompeusement la de-
vanture d'un restaurant ; qui n'a le moyen d'en tâter,
s'efforce au moins de s'en procurer l'idée, en faisant
figurer dans un océan de lentilles une de vos oreilles
fraîches, fumées ou salées, ou tout au moins une de
vos aimables abajoues : et c'est sans doute par rémi-
niscence de cette portion du mérite de V. A. E., que
les jeunes Italiennes flattent leurs amants des épithètes
chéries de *Porconone mio ! Porcello mio caro !* Il
y a même cent à parier, que ce plat qui tourna la tête
à Esaü au point de le déterminer à aliéner son droit
d'aînesse, était composé d'une zampette aux lentilles.

Omettrai-je au nombre des prodiges enfantés par
V. A. E., ce saucisson monstre, puisqu'il pesait cinq
à six quintaux, qui, au carnaval de chaque année
jusqu'au milieu du xvie siècle, fit la gloire de Kœ-
nigsberg, et y était confectionné, cuit et mangé aux
acclamations d'une nombreuse population ?

Ainsi que pour les anciens Egyptiens, EXCEL-
LENTISSIME GROGNARD, les opérations d'un embaumement long, compliqué et dispendieux, viennent
prolonger l'existence matérielle de votre ample personne, sous ce rapport rivale des restes des Rois, et
votre valeur loin de s'éteindre avec votre vie comme
celle des héros, s'accroît au point que souvent des
familles éplorées suivent fondant en larmes les tristes
restes de VOTRE SUCCULENCE qu'un huissier sacrilége,
violant ainsi la sainteté du tombeau, est venu barbarement saisir, et plus hâtivement encore que chez

les infortunés de la nation dont je viens de parler, dont les créanciers avaient séquestré l'ancêtre, votre momie est retirée à prix d'argent des mains profanes de l'inexorable usurier avant que des dents horribles n'aient pu attenter à son intégrité.

Mais malgré leur habileté consommée et plus de de soixante ans d'école, aucun de nos gastronomes les plus renommés n'oserait encore entreprendre de rivaliser les Polynésiens dans l'apprêt d'un de vos confrères en son entier, comme symbole d'hospitalité et gage de paix et d'union chez ces nations d'un nouveau continent qui surgit du fond de l'incommensurable Océan Pacifique comme pour servir d'un immense monument à l'époque à jamais mémorable à laquelle nous vivons !

Qui pourrait peindre la satisfaction d'un bon laboureur Lorrain harassé des rudes fatigues de l'agriculture, se restaurant le soir dans sa cuisine au clair d'un feu gigantesque dont des chevaux ont dû traîner au foyer les éléments énormes ; qui, tel qu'un Dieu payen aspirant le parfum de la viande des sacrifices, hume à longs traits la fumée des magnifiques grillades étalées devant lui sur un large brasier, contemple à l'intérieur de la vaste cheminée sous laquelle il est assis, le lambris animal résultant des nombreuses bandes de lard qui le tapissent et la transforment en une sorte de dais orné et festonné de guirlandes de cervelas et d'andouilles, desquelles des jambons, des surpaules, des langues, etc. forment les glands, et qu'une épaisse fumée domine majestueusement en tourbillonnant comme pour l'ombrager d'un immense panache du faste duquel n'ont point approché ceux des Triomphateurs et des Preux les plus illustres.

Mais ce n'est point assez, ô TRÈS-JAMBONNÉ GROGNARD! d'exalter en vous ces onctueuses qualités culinaires qui ont déterminé les anciens Romains à vous décorer du titre de MAJALIS, et leurs successeurs les Italiens à continuer à vous décerner ceux de MAJALE et d'ANIMAL, (comme qui dirait LE PLUS GRAND de la ferme, l'ANIMAL PAR EXCELLENCE) qualifications qui fixent incontestablement l'opinion de cette savante et spirituelle nation au sujet de la supériorité de VOTRE SUCCULENCE relativement aux autres bestiaux comestibles! En vain vos détracteurs objecteront-ils qu'à elle se réduit votre mérite dans ce bas monde, et que V. A. E. doit se trouver fort heureuse qu'en vous faisant l'honneur de vous manger, on veuille bien se taire sur vos vices; que sur sept péchés capitaux, vous êtes enclin à au moins cinq des principaux, comme la gourmandise, l'ivrognerie, la luxure, la paresse et la colère; que dans votre insatiable gloutonnerie, on pourrait voir de fortes traces du germe de l'Egoïsme, père de la cupidité, et de l'Avarice, mère de tous les vices.

Répondez à ces jaloux, TRÈS-BRUYANT ANIMAL, répondez que chacun a ses défauts, et défiez ceux d'entre vos rivaux bipèdes qui se sentiront nets sous ce rapport de vous jeter la première pierre ! S'ils veulent bien se rendre justice, vous risquerez peu de contusions par votre proposition; d'ailleurs quand vous auriez des vices, ce ne serait pas un motif suffisant pour méconnaître les hautes qualités de V. A. E. parmi lesquelles nous distinguerons :

L'amour filial, non seulement à l'égard de votre malpropre espèce, mais même envers ses ennemis les plus acharnés, vertu qui en vous devient par fois une véritable philantropie ; en effet, l'histoire et le burin ont consacré la mémoire de deux truies, l'une en Sicile, l'autre aux environs de Metz qui, pendant l'hiver triennal de 431–433, recueillirent sous les neiges gigantesques coïncidentes à ce fléau, nombre de petits enfants abandonnés par leurs mères, et furent rencontrées en 434 suivies par eux, la plupart déjà exercés à découvrir et arracher des racines comestibles, et les autres encore à la mamelle et allaités par ces bonnes bêtes !

Les exemples que nous offre l'histoire moderne d'enfants dévorés par leurs mères, et la fréquence déplorable de l'infanticide dont nombre d'entr'elles semblent se faire un jeu, ne tendent-ils pas à nous faire croire que pendant cette horrible calamité dont quatorze siècles n'ont heureusement pas offert un second exemple, bien des mères ont devancé dans cet attentat dénaturé les exécrables monstres de Sienne, Florence, Sancerre, Paris, etc., etc. ; l'infériorité de l'amour maternel des femmes comparativement à cette vertu dans les femelles des animaux, est mieux prouvée encore par les nombreux exemples d'enfants qui ont été spontanément élevés par des chèvres, des louves, des ourses, etc., mais plus généralement encore par l'indifférence avec laquelle la généralité du sexe abandonne à un sein mercenaire souvent flétri et infecté par le soufle impur de la corruption personnifiée, l'allaitement d'enfants qu'elle devrait chérir si les alliances n'étaient aussi fréquemment viciées par des vues entièrement contraires à la nature; comment en effet exiger qu'une jeune personne contrainte à épouser un être sans mœurs et sans délicatesse, allaite le rejeton syphillisé du monstre qui a consommé, qui matérialise et renouvelle chaque jour les violences auxquelles il a été autorisé par la tyrannie abjecte de ses vils parents!.... et qui trop souvent ajoute à cet odieux forfait, qu'une législation trop lâche laisse indignement impuni, celui d'outrager sous ses yeux, à sa table même, la tendre victime de son immoralité par le spectacle abominable de son impudente débauche et de son insolente infidélité !

La valeur avec laquelle les verrats confrères de V. A. E. défendent les troupeaux de l'espèce contre les bêtes féroces, n'annonce-t-elle pas en vous, ô très-rustique Grognard, le germe des vertus qui fondent, constituent et maintiennent les empires ? L'intrépidité que, dans les climats chauds, votre famille déploie contre les reptiles les plus dangereux et même contre les serpents à sonnettes que vos cousins d'outre-mer croquent comme pois gris, vous assure, sous ce rapport, une immense supériorité relativement à votre rival !

On vous accuse généralement d'une malpropreté devenue proverbiale ; mais c'est en vous modestie, TRÈS-EMBOURBÉ DOM GROGNARD ; en effet, dit Casti (1),

> « Le cochon, renforcé plébéïen,
> » Jamais n'aima le décorum en rien. »

Les observateurs judicieux et impartiaux ont parfaitement reconnu que c'était moins à V. A. E. même dont la dignité est au-dessus de ces minuties, qu'à l'incurie de vos femmes de chambre et des autres officiers de la maison de votre SUCCULENCE, qu'il faut s'en prendre au sujet de la mauvaise tenue de ses appartements, de son linge de lit et de sa vaisselle ; en vain objectera-t-on, TRÈS-CRASSEUX COMPÈRE DES PORCS, que vous vous vautrez dans la première fange que vous rencontrez ; que vous mangez de la plus fine avec délices ; mais des goûts et des couleurs on ne peut disputer ! Le dernier est d'ailleurs une preuve de vos connaissances en médecine (2), et une démonstration irréfragable de votre courage indomptable.

____

(1) Animaux parlants, Chant XXIII.

(2) Cette habitude pourrait avoir quelqu'influence sur l'invulnérabilité du cochon au venin des reptiles : au reste, en examinant la composition des sommates, on verra qu'il y a compensation !

Si votre rival ne peut se vanter de pareilles prouesses, c'est faute de cœur, mais non de bonne volonté, au moins quant aux autres, maintes familles, même riches, étant bien disposées à nourrir de cette sorte d'ananas, enfants, servantes et valets, si elles n'étaient arrêtées par la crainte d'un refus.

En ce genre, votre courage resplendit d'un éclat qui efface celui des plus grands héros que l'antiquité ait célébrés : en effet, qu'on nous prouve que Cyrus, Alexandre, Annibal, Régulus, etc., aient jamais songé à rivaliser en ce genre vos ancêtres leurs contemporains? Si Napoléon qui avait cru rendre un grand honneur à l'élite de sa garde en la décorant de votre nom à l'instar des anciens Empereurs Romains qui, se faisant qualifier Césars, Augustes, etc., croyaient avoir atteint à la gloire des premiers auteurs de la célébrité de ces noms immortels, si Napoléon, dis-je, avait osé proposer à ceux qu'il qualifiait ses GROGNARDS, d'affronter seulement à nombre égal une ligne de cette sorte de milice dont vous ne vous faites qu'un jeu, nul doute que ces usurpateurs de votre nom n'eussent tout au moins manifesté le désir de voir le grand Homme leur ouvrir le chemin de la gloire en cet assaut, comme il l'avait fait en tant d'autres occasions.

A chacun ses goûts, ses baumes, ses pommades! les boues dans lesquelles vous vous vautrez sentent bien assurément moins mauvais que certaines huiles et diverses graisses décorées des noms d'essences, de parfums, etc., journellement étalées avec faste dans de brillantes boutiques, et vendues en porcelaine ou en cristal dorés, voire même dans l'or, etc., etc., dont les élégants et les petites maîtresses empoisonnent à la fois leurs cheveux et leurs amants ; quelle est la truie qui se soit encore avisée de se peindre le grouin et d'offrir à ses poursuivants une hure enluminée de substances vénéneuses? La fange, ô très-embourbé Grognard, est dans votre simplicité patriarcale votre seule et unique pommade, et vous avez même le bon esprit de lui préférer l'eau fraîche et courante quand vous en trouvez à votre portée !

C'est en vain que l'ingrat qui vit à vos dépens, non content de vous arracher les soies, de vous ronger jusqu'aux os, et par un acte de férocité dont aucune autre bête n'est susceptible, se permet de livrer barbarement au plus horrible martyr, vos femelles enceintes pour obtenir du froissement de leurs entrailles et des jeunes fruits atrocement foulés aux pieds de mercenaires moralement bien au-dessous des carnassiers les plus sanguinaires, une masse gangreneuse qu'on transforme en dégoûtantes sommates que les goûts les plus dépravés, l'appétit le plus perverti peuvent seuls savourer, atrocité sur laquelle la frivolité de la classe élevée ne réfléchit point, mais que des gouvernements sensés et conséquemment attentifs tant à la morale qu'à la santé publique prohiberaient sévèrement?

La conformité de vos goûts et de vos habitudes

avec ceux des moines a frappé les poètes dans tous les temps : c'est sur votre espèce, oserai-je l'avouer, TRÈS-TURBULENTE BÊTE, que ces coryphées du moyen-âge ont usurpé le titre de DOM qu'ils se donnaient entr'eux si modestement, exigeaient du public si humblement et duquel la noblesse la plus orgueilleuse de l'Europe méridionale ne tarda pas à enrichir ses titres ; V. A. E. est donc noble, ILLUSTRE GROGNARD ; quoique Casti vous ait caractérisé *roturier renforcé;* mais ce plaisant Abbé vous réhabilite dans un autre passage de son immortel ouvrage où il vous qualifie *bon gentilhomme,* tout en vous signalant comme dépourvu d'ambition et sans goût pour les honneurs du ministère, d'où, un nouveau degré de supériorité sur certains vos confrères bipèdes qui, pour parvenir à ce rang, bouleverseraient volontiers ciel et terre, et, en attendant, font ressortir leur vaniteuse importance d'une manière qui a donné lieu à Helvétius de les décrire comme troublant les familles, s'ingérant en toutes affaires, persécutant sourdement et à tout propos les particuliers dont ils s'avisent d'être jaloux ou dont ils ambitionnent, mais désespèrent le concours, pour s'en être trop bien fait connaître, nuisant à tout ce qui est à leur portée de manière à faire croire que c'est chez eux que les Orientaux ont d'abord découvert et saisi le coup-d'œil de l'envieux ! Que de belles choses enfermées dans cette exclamation adressée en réponse à une sollicitation d'augmentation d'appointements : « ON SAURA BIEN MINER CES FORTUNES QUI S'ÉLÈVENT SI RAPIDEMENT ! »

Où trouvera-t-on chez eux un exemple de mo—
destie semblable à celui que donna un des illustres
ancêtres de V. A. E. par la réponse remplie de candeur avec laquelle il accueillit la proposition de servir
de collègue au premier Ministre député au congrès
de l'Atlantide? Ecoutons-en la narration telle que
nous l'a transmise l'Abbé Casti (1) :

.... « Inconcevable ! un porc Ambassadeur !
» Ambassadeur un porc....! là, patience !
» Ne sait—on pas que le chien veut briller,
» Et que le porc rempli d'insouciance,
» Aime à manger, à boire et sommeiller ;
» Et rien de plus ! Ce fut la raison claire
» Qui fit agir notre chien réfractaire ;
» Forte raison qu'on sait apprécier
» Dans les salons et dans les ministères.
» .... Ce chien prétend faire une république,
» Il compte bien sous cet ordre nouveau
» Mener le peuple comme un vil troupeau ;
» Il a senti qu'il n'était pas facile
» De diriger un despote indocile,
» Et dans la peur d'un collègue opposant,
» Il s'est adjoint le porc insouciant ;
» .... Le porc voulait s'excuser, et disait :
» Un tel honneur pour un porc n'est pas fait ;
» Les embarras, les soins je les déteste,
» Toute fatigue en un mot m'est funeste ;
» Dis—moi donc chien, quel vertige t'a pris ?
» Vit-on jamais un cochon politique ?
» — Du monde encore tu n'as point la pratique,

____

(1) Ouvrage précité, tome **II**, chant XXIII, page 328.

» Répond le chien, tu verras bien pis :
» Penses-tu donc, qu'en nos cours animales,
» Nos tribunaux, nos chambres, nos cours, cabinets,
» Qu'en nos conseils, conférences, congrès,
» Nos parlements, nos diètes royales
» Il n'est pas force gens qui, ma foi,
» Pourraient fort bien en apprendre de toi ?
» Tu n'entres point dans un monde nouveau
» Qui doive en rien changer ton caractère !
» Tu pourras comme à l'ordinaire
» Passer ta vie en bienheureux pourceau ;
» Oui, tu pourras, ami, ne t'en déplaise,
» Boire, manger et dormir tout à ton aise ;
» Suis mes avis, tu n'erreras jamais ;
» Comme elle va laissons allons la chose ;
» Va-t-elle bien, on t'en doit le succès ;
» Va-t-elle mal, tu n'en es pas la cause.
» Sois donc, mon cher, pleinement rassuré :
» Mais veux-tu plus, écoute :
» Pour te faire beaucoup d'honneur
» Il te faut deux appuis sûrs et chargés du service ordinaire,
» Un cuisinier fameux d'abord, et puis
» Ce qu'on appelle un brave secrétaire.
» Ainsi le chien exerçait sa faconde,
» Et son collègue tout en l'écoutant,
» Tantôt grognant, tantôt sommeillant ;
» Bientôt enfin, l'ambassadeur immonde,
» De ce discours bien ennuyé, bien las,
» Dit : tu le veux, fais comme tu voudras. »

Quant à la manière pacifique et édifiante avec laquelle l'ambassadeur se conduisit au congrès, voici les expressions de son historien (1) :

____

(1) Ouvrage précité, tome **II**, chant xxv, page 370.

« Seigneur pourceau se réveillant au bruit
» (Notre envoyé jusque-là tout d'un somme
» Dormit assis, couché, voire debout,)
» Demanda qu'est-ce ? — Ce n'est rien du tout
» Répond le chien au digne gentilhomme,
» Tais-toi, mon porc, tais-toi, je vais parler.
» Porc se tut et se mit à ronfler ;
 » Etends-toi, dors mon cher porc,
 » Porc, ronfles tout à ton aise !
» Si comme toi, certains, ne leur déplaise,
» Voulaient dormir sans se mêler de rien
» (Je parle ici de bien de tes confrères
» Traitant chez nous les publiques affaires)
» Ah ! qu'ici-bas on s'en trouverait bien ! »

Vous êtes donc noble, très-noble même, (1) TRÈS-PESANT GROGNARD, et des titres mille fois plus antiques que ceux des plus anciennes Maisons de l'univers et d'une certitude à l'abri de toute critique déposent, dans les musées géologiques, de cette incontestable primauté ; certaines probabilités donnent même à penser que vous êtes le premier des quadrupèdes dont le soleil ait ressuyé l'échine après la retraite de l'Océan de ces nouvelles terres que journellement des causes géonomiques et volcaniques

---

(2) Le poëme de Casti étant aussi celui de Joseph II, Empereur d'Allemagne, on voit que l'admission de D. G. a été confirmée par l'autorité la plus compétente de l'Europe. D'ailleurs, près d'un siècle avant, Louis XIV qui se connaissait en mérite avait, par édit de 1705, décoré les médecins des cochons du titre de CONSEILLERS du Roy, langueyeurs de porcs !

soulèvent du fond de ses abîmes jusques dans l'em—
pire des nuées.

En conséquence, vous n'êtes ni un de ces nobles
spontanés, véritable contrebande dont le nom de
vilain alongé en *ière* juché comme sur des échasses
au haut et en avant des deux membres de la parti-
cule, boite tout bas par l'excessive inégalité des bé-
quilles, et promet une longue lignée de *sires de la
Clopinière*. Nul rapport entre votre noblesse et celle
de certains chétifs brouillons, vrais factotums poli-
tiques hors le bien : l'origine d'aucuns de vos ancêtres ne remonte au petit-fils d'un fripon fournisseur
qui frisa cent fois la corde et la marque sous Louis xiv,
et dont les prouesses consistèrent à affamer, engeler,
empoisonner soldats et chevaux des armées. Nul
d'entr'eux n'a sollicité l'usure gratuite du travail du
pauvre ni l'usurpation légale de son champ; aucun
n'a déversé sur son concitoyen l'odieux soupçon
d'espionnage pour distraire l'attention de sa propre
conduite, poussant l'astuce jusqu'aux salutations affectées, voire même jusqu'aux poignées de main ;
nul n'a tenté la périlleuse entreprise d'une corres-
pondance simulée et provocatrice entre un inférieur
et un supérieur qu'on voulait perdre, etc., etc.

En dotant votre espèce de sa fécondité connue,
l'auteur de la nature l'a décorée du signe le plus ca-
ractéristique de sa prédilection pour certaines familles ;
mais hélas ! ô infortuné GROGNARD, aucune prospé-
rité n'est sans mélange d'adversité ; votre espèce a

eu ses mauvais jours comme bien d'autres, lorsqu'arriva cet instant calamiteux où, par ordre supérieur,
fut noyé sans pitié tout un troupeau grognant, sévice
dont le but fut d'avertir des confrères bipèdes qu'il n'y
a pour eux aucun espoir de salut, et qu'après s'être
gorgés dans ce bas monde des dépouilles de la veuve
et de l'orphelin, après avoir épuisé leur subtilité
dans tous les genres de rapine, salement rampé dans
cette fange dorée qui est l'élément naturel des sang-
sues populaires, vainement tenté de décharger sur
autrui la boue dont ils sont couverts, affronté les
lois, compromis la tranquillité et la salubrité publiques par leurs ignobles et sordides spéculations, et
réussi à accumuler sou par sou des richesses que bientôt leur cupidité insatiable dissipera en hasardeuses
entreprises, ou qu'une mort prématurée, résultant des
transes habituelles où les entretiennent les plaintes
sourdes de leurs victimes, les forcera à abandonner
à d'avides héritiers en qui leur honteuse mémoire, au
lieu de reconnaissance, ne réveillera que des idées de
bassesse et de dérision, et une expérience d'impunité
qui conduira tôt ou tard leurs infâmes descendants à
une fin ignominieuse !

Mais si vous avez été maltraité par le maître,
vous avez, ô très-savoureux Grognard, trouvé un
meilleur accueil près de ses serviteurs, puisque le
grand saint Antoine a même daigné agréer un de
vos pareils pour compagnon : ô combien je regrette
que ce bienheureux ne soit né Vosgien, car le su-

blime ouvrage intitulé : *Sainctes antiquitez des Vosges* nous eût sans doute conservé des détails édifiants sur la conversion de ce membre de la hurlante famille de V. A. E., de ce sain porc dont néanmoins les penchants sont loin d'être anéantis dans vos confrères bipèdes, quoique l'Apôtre des cochons ait pris les deux précautions majeures pour la durée de son œuvre, la création d'un ordre monastique à son nom, et celui d'un ordre de chevalerie qui figurait parmi les Antonistes comme un gros diamant au centre d'un cordon de pierreries ; en effet, Rabelais, philosophe grave, qui eût fait scrupule de badiner des Moines, nous cite un Commandeur Jambonnier de saint Antoine revenant de faire sa quête suille, usage que le malheur des temps et la perversité du siècle ont abrogé dans ce maudit pays d'incrédules ; le royaume des Deux-Siciles qui a échappé en partie aux calamités que nous déplorons, a conservé ses quêtes suilles renforcées de processions de cochons bipèdes et quadrupèdes, allant à époques fixes à certains pélerinages où ils sont prêchés, bénis, et au besoin marqués au feu, de la clé du couvent, de la chapelle ou de la châsse du Saint pour les préserver de maux redoutés ; le plus dodu de chaque bande reçoit l'insigne faveur d'être admis à la table des Révérends Pères.

Le Dom ne fut pas la seule usurpation commise au préjudice de votre dévorante espèce, Très-pesant animal ; on s'était également emparé de la qualitcation d'Amplissime (1) qui est si bien due à ceux d'entre vos confrères parvenus au complément des vertus qu'on leur désire et qu'on vise à leur donner pendant la durée de ce qu'on appelle si grotesquement leur ÉDUCATION, qualification que s'était indignement arrogée le Recteur de l'Université de Paris, dignitaire auquel, lorsqu'il venait chez le Roi, on rendait les mêmes honneurs que ceux dus à un verrat dangereux lorsqu'il entre ou sort de la ferme : aujourd'hui, au moins à ce que je crois, VOTRE GROSSEUR est rétablie dans la plénitude de la possession de ses attributs honorifiques, et actuellement personne n'est tenté de se faire qualifier TRÈS-VENTRU, pas plus qu'on n'entend de Sénats Européens ambitionner celle de PLENUS-PLENORUM que prenait à si juste titre la DIÈTE de Pologne, assemblée d'autant plus mal intitulée ainsi, qu'on y arrivait rarement à jeûn : mais il ne paraîtra pas aussi aisé de vous réintégrer dans la possession exclusive de l'Ex-CELLENCE que prennent si ridiculement et si injustement nombre de bipèdes d'importance, desquels cependant aucun ancêtre n'a eu comme l'un de ceux de V. A. E. l'insigne honneur de remplir une ambassade ; en vain, maintes personnes sensées frappées du burlesque de cet attentat à la dignité de vos pa-

---

(1) Voyez l'*Extractum Commentarii Universitatis* placé en tête du dictionnaire de Lallemand et d'autres livres approuvés pour les études de la jeunesse en 1768, et imprimés en 1781.

reils et entièrement disposées à vous faire rendre la justice et la considération qui vous sont si légitimement dues, se sont-elles à diverses reprises élevées contre cette usurpation, et se sont-elles évertuées à faire comprendre à ces ingrats, que quand on ne portait que de la viande si mauvaise que personne n'oserait en tâter même du bout des dents, on n'avait aucun droit à se faire qualifier d'Excellence ; que cela serait à peine tolérable à la Nouvelle-Zélande, mais qu'en Europe, depuis 30 à 40 siècles, l'usage comestible de la chair humaine n'était plus apprécié que par les bêtes féroces ! vains efforts ! partie paresse et faux point d'honneur, on a fait la sourde oreille ; on n'a pas même voulu lire ; mais on continue à faire rire la partie intelligente des nations en affichant l'Excellence prétendue de viande étique, asthmatique, scrofuleuse, coriace, atrophiée, farcineuse, lépreuse, siphyllisée, cachectique, pulmonique, etc. , etc.

On accuse journellement votre bruyante espèce d'une incommode loquacité et d'exhaler à tout propos un mécontentement d'autant plus injuste qu'on ne met aucune borne à sa gloutonnerie et à sa paresse ; mais nous verrons ailleurs que Lafontaine a prouvé qu'en V. A. E. l'humeur grognante décelait une prévoyante sagacité.

Je viens, ô Dom Grognard le bourru, de vous laver pleinement de nombreuses imputations ; j'ai fait mieux, puisque j'ai prouvé que si, entre vous et votre confrère bipède, il y avait un coupable, un aggresseur, vous étiez parfaitement innocent sous ce rapport; je pose même en fait incontestable que l'on ne pourrait établir un commencement de présomption contre vous au sujet du moindre propos, de la plus chétive insinuation maligne tendante à déprimer la réputation de votre rival, ou à la suspecter et à semer la défiance contre lui; que jamais vous n'eûtes même l'idée d'utiliser l'hypocrisie morale, religieuse ou politique pour perdre l'innocence ou tout au moins en préparer la ruine!

Quiconque a vécu dans l'intimité de votre aimable famille n'y a jamais entendu enseigner à la jeunesse à voir une calamité dans le bonheur d'autrui; nul n'y a été rebattu d'éternelles digressions sur l'éventualité des successions à attendre du grand' père,... de la vieille tante,... du petit cousin,... etc., tous immensément riches comme c'est l'usage; personne ne vous a vu calculer avec impatience la durée probable de leur vie et ne pouvoir contenir votre joie à la nouvelle de grave maladie à eux survenue; aucune tante habillée de soies ne s'est vue circonvenir par ses neveux coalisés pour calomnier son fils et le diffamer dans le public, détruire toute confiance en lui et en préparer ainsi la spoliation; voyez avec quelle imperturbable assiduité ces bons parents sont aux écoutes du bien qu'on peut dire du petit cousin, des partis auxquels il a le droit de prétendre et quels soins officieux ils se donnent, quel empres-

-sement ils mettent à jeter de l'équivoque sur sa conduite, et à le couvrir de blâme, de ridicules, même
dans ses actions les plus louables, et s'emportent jusqu'à l'accuser de bassesses, de tous les vices, et qui
mieux, de crimes atroces pour refroidir la tendance
que de bonnes familles et des filles remplies d'honneur pourraient avoir vers lui; voyez quel art on
met à lui préparer des guet-apens ou des imputations
infâmes pour se procurer les moyens de s'en défaire
au moment où il ne sera plus possible d'empêcher
cette belle fortune d'échapper, en fermant d'avance
les oreilles qui auraient pu en admettre les réclama-
tions; nul ne vous a entendu enseigner stupidement
à ceux à qui vous avez donné le jour, à désirer la
mort de leurs proches, la vôtre même, et peut-être
pis encore,.... A MÉDITER LES MOYENS DE L'ACCÉLÉ-
RER...!!! Les exclamations suivantes d'héritiers par-
lant de grands parents trop vivaces sont restées jusqu'ici inouïes chez les cochons quadrupèdes : —
Quand crevera ce vieux coquin? — *A quoi est-il
bon? il étouffe dans ses écus!....* — *Que fait au
monde cette vieille harpie? Cela mange tout ce que
nous avons!... Ne devrait-on pas tuer cela?* — *Ils
seront comme les cochons, bons seulement après
leur mort!...* COMMENT, IL N'EST PAS ENCORE CHASSÉ
CE GREDIN—LA ? Mais je m'arrête, car déjà je me.
sens rougir d'avoir fourvoyé ma plume dans cette
fiente sociale !

Une qualité qui en rehausse tant d'autres des-

quelles je dois épargner le détail à la modestie de
V. A. E. est cette fraternité qui règne si tendrement
parmi les individus de votre espèce, qu'elle en est
devenue proverbiale : *Amis comme cochons*, pour
être universellement connue, n'en est pas devenue
plus exemplaire pour celui qui ne sait vivre qu'en
dévorant ses semblables sans qu'on puisse excepter
de cette règle les plus gros cochons bipèdes qui,
surchargés de tout ce qu'ils ont pu happer au point
de se trouver hors d'état d'administrer eux—mêmes
leur fortune, n'en continuent pas moins à faire leur
occupation favorite de la spoliation des moindres,
et même des plus nécessiteux, toute proie leur convenant pourvu qu'ils se soient donné le plaisir de
la voler, et six particules escroquées les flattant davantage que le centuple bien acquis, rien n'étant
au-dessous de leur turpitude et de leur insensibilité,
et peu leur important d'affamer des centaines de
leurs semblables pourvu que, gorgés de leurs dé—
pouilles, ils puissent se pavaner devant la tourbe des
petites bêtes de rapine leurs auxiliaires qui admirent
stupidement et envient leurs odieux succès !

Comment a—t—on osé vous accuser d'égoïsme,
vous, le modèle de la Porcophilie ; vit—on jamais,
très-pesant Grognard, cochon quadrupède en vendre d'autres, en tenir même commerce ouvert en gros
et en détail ? Mais si aucun être de votre onctueuse
espèce n'a offert l'exemple d'un pareil scandale,
votre rival bipède en pourrait-il dire autant ? Sans

parler de ces climats ardents où des parents vendent frères, sœurs, femmes et enfants, où les fils vendent père et mère, ni de ces pays moins éloignés où les mâles commercent des humaines femelles, et encore moins de ces Etats et de ces temps où le racoleur surprenait, surprend peut-être encore, enchaîne et livre à prix d'argent le jeune débauché ou le pauvre niais dépaysé qu'il a réussi à enfourner; voyez cette intéressante beauté que des parents qui, en cela, se rendent à eux-mêmes pleine et entière justice, vont à l'instar des marchands de vaches, livrer légalement à son stupide acquéreur, lequel, dès l'année suivante, sera en proie à toutes espèces de visions cornues! Voyez cette autre victime qui, toute en larmes et comprimant à peine les sanglots qui l'étouffent, est traînée à l'autel par une mère sans entrailles, par un père sans âme et des frères sans caractère, pour être ensuite précipitée dans le néant monacal, privée à perpétuité de sa liberté, et contrairement aux lois, condamnée sans crime à une reclusion perpétuelle pour satisfaire à la honteuse cupidité de ses exécrables frères qui attendent la consommation du sacrifice dans les transes de la plus vive anxiété!

Vous, très-dentairement pénétrant Dom Grognard, ne serez point trompé par ces diverses formes sous lesquelles, en Europe, l'astuce de la fraude déguise diverses modifications du commerce de chair humaine; combien en existe-t-il d'autres qui ne m'ont point autant frappé, ou qui sont trop généralement connues pour être mentionnées ici? A la consommation de ces forfaits qui, cependant, est rarement cachée et a même souvent lieu avec un faste barbare, voyez-vous les populations s'émouvoir pour libérer ces tristes victimes? Non, elles restent stupidement impassibles, sans réfléchir qu'un espace de temps plus ou moins court les sépare peut-être d'un aussi triste sort, ou si elles éprouvent quelqu'émotion, c'est celle résultant d'une sotte admiration de l'ostentation grossière qui règne pendant les apprêts de ces sacrifices humains!

Voyez au contraire ces trois gorets que chasse devant eux un nombre égal de paysans qui viennent de les tirer du toit maternel pour les conduire dans leur village et les y élever! Voyez les effets que produit cet aspect sur le troupeau communal qui tout justement les rencontre en revenant de pâture! Voyez avec quel empressement le bataillon des cochons se forme, se serre, cerne et attaque les ravisseurs pour les contraindre à abandonner leur proie, obligation à laquelle ils sont bientôt réduits pour éviter d'être dévorés! Dix au moins dressés et arcboutés contr'eux semblent prêts à les prendre à la gorge, les ahurissent de la manière la plus étourdissante et les effrayent de leurs larges gueules béantes, enflammées, rutilantes, hérissées de broches menaçantes dont l'ivoire tranche sur un fond cramoisi presque sanglant ! Le reste de la herde (1) se presse derrière les assaillants se montrant prêt à les soutenir en offrant des hures toutes uniformément dirigées vers les pauvres hères qui tout penauts, se hâtent de s'esquiver ! Voyez avec quels transports d'allégresse la masse victorieuse se lançant en course pour rentrer au bourg, environne les pauvres captifs délivrés, tandis que les verrats et les vieilles truies matrones du troupeau marchant pesamment forment l'arrière-garde, non sans foudroyer d'intants en instants de furibonds regards les paysans spoliés qui, la tête basse, suivent tristement de loin et d'un pas mal assuré la cohorte en retraite, non sans crainte de provoquer de nouveau sa furie !

Un personnage d'un aussi grand poids que V. A. E. pénétrant tout ce que les petits ne peuvent entamer que superficiellement faute de savoir approfondir convenablement chaque objet, daignera sans doute vouloir bien pardonner à l'insuffisance de mes efforts dans une entreprise aussi ardue que son éloge, et avoir plus d'égard à ma bonne volonté qu'à ma capacité, car je n'ai été mû par aucun espoir d'obtenir gratuitement les bonnes grâces de V. A. E. ; réduit, pour aborder un sujet aussi embourbé, à l'unique modèle de ses succulentes qualités, et inspiré

____

(1) Synonyme de troupeau et très-voisin de harde et de horde termes tartares.

purement et simplement par son engloutissante supériorité au niveau de laquelle je me suis tenu autant qu'il m'a été possible, il en est dérivé, dans le style de ce salmigondis Suinique, un tant soit peu de la dignité du sujet, ce que voudront bien prendre en considération les personnes qui comprendront la différence qu'il y a entre écrire à un Verrat ou à une Dame de cour.

Je termine en protestant aux jambons de Votre Amplitude Excellentissime, le plus sincère dévouement, et en lui souhaitant

Santé, voracité, bonne digestion, inobésation prompte et étendue, délicatesse, saveur et fumet.

Le Protomédecin de vos toits et domaines,

SIUOL ROTCIV ENIALLOC.

MOYENS

DE CONSERVER LA SANTÉ

DES COCHONS,

ET DE

PRÉVENIR LEURS MALADIES.

La connaissance des moyens de conserver la santé suppose nécessairement 1° celle de l'être dont on doit s'occuper, branche qui, dans le sujet dont nous traiterons, sera dénommée *suinostique*, équivalant à *étude du cochon;* 2° celle des moyens à employer, que je nommerai suinomie, ou réglement de la vie du cochon.

Titre I. Suinostique.

Le seul pachyderme domestique en Europe, est le cochon qui, quoique neutre, donne son nom à son espèce, comme plus nombreux et plus immédiatement utile que le sanglier, le verrat et la truie.

1° *Dénominations.*

Sis qui signifie *cochon* en japonnais, ayant une analogie surprenante avec *sus*, j'en déduis la très-

1

ancienne existence de cette espèce en domesticité sur tous les points du globe, puisqu'elle a été trouvée dans cet état sur les trois continents, dans la Polynésie entière, et que toutes les nations en consomment la viande, à l'exception des Juifs et des Musulmans, faits qui, ainsi qu'une multitude d'autres, décèlent de très-anciennes communications entre les peuples respectivement les plus éloignés de l'univers.

Cette haute antiquité ressort également de l'emploi du mot *cochon,* pour désigner l'animal châtré ; car cette expression a dû anciennement être prononcée *cocon* qui est très-analogue à *cocu* ; peut-être l'un et l'autre seraient-ils formés de coq-honteux, coq-hué ; d'ailleurs substituez le c au q dans coq, et rapprochez cette syllabe de la première du mot honteux, et vous obtiendrez le terme cochon en les soudant.

Cochon pourrait être également dérivé de *cocere,* corrompu de l'italien *cuocere,* cuire, comme qui dirait, animal propre uniquement à être cuit et fournissant à la cuisine presque toutes ses parties, les soies et onglons exceptés ; car jusqu'à son rectum est utilisé, son analogue bipède poussant à son égard l'ingratitude et l'outrage jusqu'à y loger la langue du pauvre défunt, comme pour imiter les Turcs qui, après une décapitation publique, exposent le cadavre couché sur le ventre, la tête placée de manière à ce que le nez corresponde très-exactement à l'anus.

Sœur signifie immonde, parce que, disent quelques

pédants, c'est par les porcs qu'a commencé l'usage de sacrifier des animaux ; *porcus* est aussi un vieux mot grec hors d'usage dont ils ne se sont pas embarrassés de donner la signification ; on en a dérivé le terme *pourceau* par lequel on désigne les gros cochons lorsqu'ils ont été soigneusement engraissés pour les salaisons.

Porcus ne serait-il pas une modification de *parcus*, en italien *parco*, *econome*, parce que cet animal est la source d'une grande économie dans la consommation de l'homme, puisqu'il utilise à son développement une multitude de substances rebutantes et même susceptibles de révolter le goût de toutes les autres bêtes.

Mais *porc* pourrait également être corrompu de *parc* ou *park*, lieu clos, l'engraissement de ce sujet ne réussissant promptement et complètement qu'après une réclusion d'une certaine durée pendant laquelle on lui prodigue une nourriture convenable. S'il en était ainsi, les termes *porc* et *cochon* ne seraient point synonymes, le dernier indiquant simplement l'animal coupé adulte, et l'autre presque synonyme de *clôturé*, *moine*, désignant le même être engraissé, d'où *gros porc*; néanmoins, dans l'usage vulgaire, *porc* semble indiquer indistinctement tous les individus adultes de l'espèce, mâles, femelles ou coupés, *verrat* étant le nom de l'entier, *cochon* désignant spécialement l'animal hongre, *laie* la femelle du sanglier, *truie*, la femelle domestique,

1*

coche, la même qui, après plusieurs portées, a été engraissée.

Verrat vient de *verrès*, qui signifie porc entier.

Porcheggiar, c'est-à-dire tuer le cochon, est à Majorque, en Italie, et souvent aussi en Lorraine, l'occasion d'une fête de famille, de voisins ou d'amis, qui se réunissent pour travailler et prendre part à toutes les opérations de la charcuterie ; au xvie siècle, à Paris même, le jour de l'occision d'un cochon était très-remarquable dans la famille ou la société, témoin ce passage de la harangue de Janotus de Bragmardo à Gargantua au sujet du recouvrement des cloches ;.... « *ego occidi unum porcum.* »

En Lorraine on ne remarque plus de cet usage que l'habitude même déjà très-affaiblie d'envoyer en présents des *cotelettes*, de la *grillade*, des *boudins* ou des *hatterets* (1), etc., coutume qui paraît remonter jusqu'aux temps reculés où le cochon était assez féroce pour exiger le concours de plusieurs personnes à son arrestation.

Goret ou *gourri*, paraît synonyme de jeune cochon.

Si *marcassin* ne désigne que le jeune métis du sanglier et de la truie, comment se nomment les jeunes de la laie ?

Aux environs de Metz, les petits cochons sont dits

---

(1) Soit d'*Atros*, à cause de la couleur du foie : soit de *hâter*, parce que cette partie s'altère promptement.

rustiquement *hognés*, terme qui se rapporte et ne
paraît même qu'un développement du mot irlandais
hog, qui signifie *cochon*.

II. HISTORIQUE.

La haute antiquité de l'espèce est prouvée par la
découverte d'un cochon fossile très-jeune mais plus
grand que ceux d'aujourd'hui, dans une roche de la
montagne de la Morlière, avec des débris d'hyènes
et d'autres animaux : mais l'auteur de ce rapport
ne dit rien des signes qui lui ont indiqué dans ce
squelette, un cochon plutôt qu'un sanglier, un mâle
et non une femelle, un individu domestique et non
une bête sauvage, détails cependant nécessaires pour
justifier la qualification de *cochon fossile* par laquelle
il désigne cette curiosité naturelle.

Les Mahométans paraissent ne pas considérer l'a-
nimal dont nous traitons comme antédéluvien,
puisque le Coran le fait naître dans l'arche, d'un
éternuement de l'éléphant, résultant de l'infection
de l'air par tant d'êtres vivants renfermés ; le cochon, excité sous la même cause, produisit les rats,
les souris, etc., etc.

Dans les premiers temps dont la Bible est l'his—
toire, il n'est jamais question de cochons parmi les
animaux composant les troupeaux dont ses auteurs
ne cessent de parler ; l'usage n'était donc point d'en
élever, ni conséquemment d'en manger ; la loi hé-
braïque n'a donc simplement consacré que ce qui

était établi long-temps avant elle : d'ailleurs, ou cette loi est postérieure aux rois de Judée, ou elle n'a jamais été nationale, ou tout au moins, elle prouve que depuis son existence, les Juifs n'ont point vécu en corps de nation isolé et parfaitement séparé d'autres peuples ; car alors, que seraient devenues ces parties de quadrupèdes prohibées par la loi, et qui forment plus de la moitié du sujet abattu? Le peuple hébreu isolé eut donc fait une destruction double du nécessaire?

Les porcs constituaient une des principales richesses des Gaules; on les élevait en liberté; mais ils conservaient une telle férocité, qu'on les regardait comme aussi redoutables que les loups pour les personnes qui n'y étaient pas habituées, effet probable de la conservation d'une proportion trop forte de verrats et source de la fête du *tue-cochon* dont il a été question précédemment.

Malgré la répugnance qu'il inspire, nombre de villes n'ont pas dédaigné d'en prendre leur dénomination, comme *Troie, Milan,* etc.; cette dernière cité est supposée tirer son nom d'une truie en partie couverte de laine, rencontrée dans ce lieu lors de sa fondation; cette opinion, aujourd'hui réputée fabuleuse, remonte à une antiquité peu éloignée de celle de la ville, et la truie vraie ou supposée, a été sculptée sur des monuments publics, gravée dans divers ouvrages historiques, etc.

L'utilité comestible du cochon n'a point été la

seule voie par laquelle l'homme en a tiré parti, puisqu'en Egypte on a labouré avec des porcs, et qu'en
Ecosse on attèle ces animaux ; il paraît que la coutume de les faire travailler au battage du grain, fait
dont Hérodote a conservé la tradition (1), a tou—
jours été bornée aux environs de Memphis, et ne
s'est pas plus étendue dans la Thébaïde que l'usage
d'employer ces quadrupèdes à enfoncer les semailles,
ce qu'ils n'effectuaient probablement pas avec intention d'être utiles à l'homme ; ces suppositions sont
d'autant plus admissibles, que la haute Egypte étant
fort aride, on devait difficilement y élever l'espèce,
la rudesse du sol formant obstacle à l'exhumation
des racines et au labour machinal de ces immondes.

Dans le pays de Galles, on a dressé des sangliers
à la chasse ; d'autres contrées utilisent les cochons
à la destruction des rongeurs et des reptiles dangereux : en Périgord, après les avoir muselés, on les
emploie à la recherche des truffes, usage qu'on prétend ne remonter qu'au xvie siècle ; en Piémont
on préfère les chiens pour ce service qui annonce
dans les premiers un odorat plus fin que leur brutalité et leur voracité ne le feraient présumer ; ail—
leurs on les exerce à servir de spectacle en dansant
et en faisant des tours ; on en a même vu compter
sans se tromper !

A Maroc, on en entretient dans les écuries pour

____

(1) Liv. II, § 14.

assainir l'air, fait à reléguer au nombre des millions de contradictions de l'esprit humain, la religion de Mahomet prohibant jusqu'au contact de cet animal; d'autres qualités occultes sont attribuées à ses dé— fenses dont, pour ces vertus prétendues, on orne brides, harnais, etc., etc.

Dans les bas siècles, où l'intelligence humaine se ravalait elle-même au-dessous de celle des brutes, on a vu des tribunaux assez consciencieux pour étendre au cochon, à l'âne et à nombre d'autres bêtes, qu'ainsi on traitait bien rationnellement en confrères, la sévérité des lois criminelles; et des juges, poussés sans doute par l'instinct de l'égalité la plus loyale, procéder avec toutes les formalités légales d'alors : où trouverait-on dans notre siècle de vanité et de perversité autant de candeur et de modestie ?

Ainsi un cochon fut condamné par le juge de Chartres, le 2 mars 1552, à être pendu et étranglé au lieu du crime, pour avoir occis une fille ; les exemples de ce genre ont été fort multipliés pendant le moyen-âge.

III. Comestibilité.

Les opinions varient considérablement au sujet des qualités comestibles de la viande de cochon, non par effet de simples caprices nationaux ou religieux, cette substance étant salubre dans certaines contrées et d'un usage nuisible dans d'autres.

Les sectaires d'Isis réputaient la truie immonde parce qu'elle se faisait couvrir au commencement de chaque lune, et que la peau de ceux qui en buvaient le lait se couvrait d'une sorte de lèpre.

Dès les siècles les plus reculés, elle a été prohibée dans nombre de contrées de l'Orient; et outre l'inconvénient précédemment énoncé, les anciens Egyptiens et les Juifs considéraient cet aliment comme la cause de la peste; les expériences faites pendant le séjour de l'armée Française dans ces contrées, paraissent avoir prouvé qu'une maladie cutanée des plus rebelles se montra au bout de quelques mois de son établissement, et cessa par l'adoption du régime musulman; on voit donc bien évidemment que la viande de porc y est insalubre, tandis qu'en Europe et dans la zone torride elle est au contraire réputée saine et fortifiante, puisque jadis elle constitua le régime des athlètes, et que dans la partie la plus brûlée de l'Afrique et de l'Amérique les médecins en ordonnent l'usage aux malades comme plus salutaire, plus facile à digérer que les autres sortes de viandes, et même que le chapon. Cette opinion est en faveur au Mozambique, à l'Ile-de-France, etc.; mais dans ce dernier lieu on n'en peut faire de bonnes salaisons, inconvénient attribué à l'âcreté du sel, substance pour laquelle cette matière a plus d'affinité que celle provenant d'autres animaux qui, par cette cause, sont moins propres à être conservées.

Vers Laos, Pégu et Siam, les Mahométans en

mangent sans scrupule ; quoique les Cochinchinois s'abstiennent religieusement de tuer les bêtes même les plus nuisibles et les plus importunes, ils sacrifient des pourceaux à leurs dieux et aux mânes de leurs ancêtres. En Arabie et sur l'Euphrate, la religion musulmane ne défend point de manger les cochons sauvages tués à la chasse, et Tavernier en cite de domestiques vivants à bord des navires sur les côtes de cette contrée. Le Prophète paraît avoir inspiré différemment les Tartares Nogais, les Circasses et les Abazes puisqu'ils ne mangent point le sanglier, quoique leurs forêts en soient peuplées.

La nourriture et la tenue du quadrupède en question, la préparation du cadavre, la nature du sel employé, le tempérament, le régime et les habitudes du consommateur, peuvent être mis au rang des causes qui font varier les effets des aliments quels ils soient, et surtout de celui dont nous traitons. Ainsi la viande des cochons élevés par les nègres de Mina et d'Axim est fade et désagréable, tandis qu'elle est délicieuse dans ceux élevés par les Hollandais de Juida ; en général, en Guinée, elle est quelquefois dangereuse aux Européens et non aux Nègres ; aux Antilles, où ces animaux sont tenus avec une propreté remarquable et ne touchent jamais aux ordures, leur chair est des plus salubres.

Les variations précitées quant aux qualités de l'aliment en question, ont été également observées sur d'autres points de l'Amérique et particulièrement au

Brésil et sur les côtes septentrionales de Terre-ferme,
et il est à peu près certain qu'elles dépendent des
mêmes causes.

Ainsi que toute matière de commerce, la chair
de porc est journellement falsifiée ; dans le Frioul,
par exemple, où les charcutiers fixes et ambulants
savent fort bien substituer du cheval à la cochon—
nade que leur confient les particuliers pour la ré—
duire en saucissons, fraude décélée par l'écume for—
mée sur une rouelle de cette matière chauffée sur le
gril.

IV. Conformation extérieure.

Le cochon est un tétradactyle régulier, omnivore, multipare, couvert de soies dont l'ensemble
presqu'informe est subdivisible en plusieurs régions
et principalement en tête, en corps et en membres.

A. *Proportions.*

Eu égard à sa destination, la connaissance de ses
proportions semblera d'abord fort indifférente, idée
qui, néanmoins, ne peut être appliquée aux individus destinés à la reproduction ; d'ailleurs certaines
conformations sont plus disposées à l'obésité. Ainsi,
quant aux bêtes d'engrais, la plus convenable s'é—
loigne beaucoup de celle d'où résulte la majeure
aptitude aux divers services de force et de célérité
que l'homme attend d'un animal de trait ou de selle,

comme les proportions de ces derniers ne convien-
draient point à la somme.

Voici celles d'un sanglier d'environ cinq pieds huit
pouces du boutoir à l'origine de la queue (1) :

La largeur de la hure au haut était de près de
moitié de sa longueur et de moins d'un tiers entre
les crocs.

Un porc de la grosse race anglaise avait, à deux
ans et demi, la hauteur du corps égale à sa longueur
et à sa circonférence.

Dans le sanglier ci-dessus désigné, la longueur
des épaules égalait celle de la hure ainsi que la pro-
fondeur du corps, et formait un peu plus de la moitié de la hauteur de ce dernier prise aux épaules ;
l'animal était moins élevé des hanches.

La longueur du corps excédait d'environ un quart
son élévation : ce quart équivalait à la largeur de sa
croupe prise en avant ; mais en arrière cette partie
avait plus d'ampleur.

La longueur excédait d'un tiers la hauteur du
corps et égalait la ligne de la hanche à la rotule,
de celle-ci au jarret et de ce dernier à terre ; conséquemment, ces quatre proportions étaient égales
entr'elles.

Mais ces dimensions ne sont point celles du cochon commun ; d'ailleurs, dans ce cas comme dans

____

(1) Mémoires de la Société d'agriculture royale et centrale.
1814.

beaucoup d'autres, les règles générales ne peuvent être suivies, ce qui s'applique encore plus particulièrement aux animaux destinés à l'inobésation ; car, outre celles relatives à l'étendue de chacune des régions et des divers organes, on a à apprécier le rapport de la masse des parties solides et de celles moins utiles comme aliments, ou comme éléments d'autres services, relativement aux muscles, graisses, substances gelatineuses, albumineuses et autres propres à fournir une nourriture salubre et vraiment analeptique, certaines matières destinées aux arts ; car la peau, par exemple, qui aujourd'hui, quant au cochon, est en Europe laissée adhérente au lard, est tannée en Amérique comme celle des autres quadrupèdes chez lesquels elle forme une portion notable du poids du corps.

Un lard blanc, ferme et uni, une chair fine et de petits os, sont les perfections à rechercher dans le cochon ; ces qualités se rencontrent plus particulièrement dans certaines races, comme le porc noir à jambes courtes.

Celui élevé en domesticité a très-peu de graisse entre les muscles ; elle est presqu'entièrement rassemblée sous la peau et au dehors du péritoine : c'est l'inverse dans le sanglier chez lequel, au contraire, les muscles sont infiniment plus remplis.

B a. *Description sommaire.*

La tête se divise en crâne et en mâchoires ; ces dernières sont vulgairement dites *hure* ; leur extrémité inférieure est un *grouin* ; les os sont très-épais ; la cavité cranienne peu étendue.

La tête est une pyramide carrée plus prolongée inférieurement que dans tout autre animal domestique, surmontée d'oreilles longues, larges, épaisses, touffues sortant d'un cou épais, caractère qui, dans les gorets, annonce qu'ils deviendront beaux porcs et de bonne réussite.

De petits yeux sont l'attribut commun de tous les cochons ; placés sur les angles antérieurs de la pyramide, ils seront clairs et vifs.

La *hure* doit être courte : des économistes sont d'avis contraire, voyant dans sa longueur et dans le large boutoir qui la termine plus de facilité pour fouiller, plus d'aisance à trouver la nourriture ; ce qui convient surtout quand on leur abandonne le soin de pourvoir leur cuisine.

Le boutoir termine l'extrémité inférieure de la mâchoire supérieure ; il a pour base un os qui pousse la peau en rebord sur le contour de cette extrémité et qui lui sert à fouiller le sol : sa surface est ronde, calleuse, brunâtre, mobile, et est percée de naseaux qui sont petits et peu ouverts.

La langue est lisse, pointue, et garnie vers le

fond de petites glandes salivaires : la glotte est fort grande.

La nuque est très-haute, ce qui, concurremment avec la longueur des apophyses styloïdes et avec l'os du boutoir, donne à ce malpropre une très-grande force pour exhumer. Aussi les porcs à boutoir large et raccourci et à nuque basse fouillent moins que ceux de conformation opposée, tel que, par exemple, le porc noir à jambes courtes.

Des difformités de naissance affectent souvent cette partie qu'on a vu quelquefois prolongée en forme de trompe : des monstruosités ont également été observées soit dans le nombre ou la forme des oreilles.

B. *Partie vertébrée.*

Elle est subdivisée en cou, poitrine et corps, régions peu distinctes les unes des autres, et se confondant en un tronc long, cylindroïde, comprimé transversalement près de terre dans les races bien conformées ; l'animal est ordinairement bas du devant.

La partie vertébrée a sept vertèbres au cou, applaties de dessus en dessous, quatorze dorsales, sept lombaires, trois sacrées, et jamais moins de quatre coxygiennes ; les apophyses épineuses sont moyennement élevées.

Le cou est épais, gros, court, informe, tout d'une venue, de la tête au corps ; par conséquent sa sortie et son insertion sont peu marquées : deux éminences campaniformes, dites tettes, qu'on trouve quelquefois à sa partie inférieure, passent pour dénoter une bonne race : sur certains individus, on y voit une verrue surmontée de longues soies.

Le dos est large ; la poitrine haute et plate ; elle a vingt-huit côtes, dont six sternales et huit asternales : le sternum est en six pièces dont l'antérieure fait une pointe saillante.

Le bassin est étroit et fort prolongé en avant ; le sacrum sans apophyses épineuses : en conséquence la croupe est étroite, plate et en pente : si elle est droite, les jambons en sont plus pesants ; un dos rond et des jambes en dehors indiquent une race abâtardie.

Les flancs seront amples, la queue petite, assez longue, entortillée, frisée et ornée d'un bouquet de soies à son extrémité.

Le ventre est pendant et fort grand : il aura plus d'ampleur dans la truie.

Le penis est placé près de l'ombilic, long, droit à son extrémité et sans os ; le prépuce très-volumineux, ne présentant qu'une légère dépression, à quatre travers de doigt de la tête qui se contourne en spirale lors de l'érection, la liqueur séminale est beaucoup plus consistante que dans les autres espèces.

Les testicules sont obliques, très-gros toute proportion gardée, et déjà descendus dans les bourses à la naissance ; le canal déférent et les vessicules séminales sont amples ; les prostates assez volumineuses ; l'étendue de l'anneau inguinal expose les gorets à des hernies qui les font qualifier *gorets à bourse.*

Il doit y avoir de dix à seize mamelons ; plus ils sont nombreux, plus la truie est réputée féconde.

Le clytoris est fort petit et à peine visible.

Membres.

Le scapulum a une apophyse acromioïde très-longue, couchée en arrière ; l'avant-bras est soutenu par un radius et un cubitus bien séparés et très-développés ; il y a quatre métacarpes et autant de métatarses, trois phalangiens et trois sésamoïdes pour chacun ; un péroné complet flanque le tibia.

Les épaules, les bras et les avant-bras sont très-larges et peu distincts.

Les pieds sont courts et devront être bien tournés ; ils sont terminés par quatre sabots dont deux seulement posent sur le sol ; les autres vulgairement dits *gardes* sont postérieurs et placés au-dessus des talons.

Le sabot du cochon se divise comme celui du cheval ; ses parties portent les mêmes dénominations ; ainsi, le devant en est la pince ; le derrière est dit *talon* ; chaque petit sabot se nomme *ongle* ou *onglon.*

Robes.

La peau, qui est fort épaisse, a cinq sutures, une dorsale, une ventrale; une troisième prolongée du nombril à la jambe, est dite ombilicale; la quatrième vient de l'olécrâne et la cinquième de la pointe du jarret jusqu'aux ongles; elles prennent leurs dénominations de ces deux parties.

L'épiderme est d'épaisseur variée; quand il est coloré, il est si fin, surtout dans les races portugaise, espagnole et autres à robe noire, qu'il se détruit par l'échaudage, après lequel le mort reste blanc : dans d'autres races, il est très-adhérent.

On distingue les productions pileuses des cochons en brosses, en soies et en poils.

Les soies sont longues, droites, dures, raides, divisées à leur extrémité, et recouvrent la presque totalité du corps; il en est qui approchent du volume et de la raideur de la baleine comme dans le Pecari, où elles ont à peu près la consistance des piquants de l'hérisson; chez d'autres, leur mollesse approche de celle de la laine, comme dans certaines races hongroises dont quelques-unes les portent frisées; sur le cochon indigène, les soies les plus fournies et les plus longues couvrent la région vertébrée de la nuque à la queue, sont isolées et souvent mêlées de soies plus fines.

Sur la plupart des sujets, leur longueur excède rarement quatre pouces; mais dans plusieurs races septentrionales, celle des Orcades, par exemple, elles sont propres à être tressées en cordages.

Les soies les plus rares et les plus courtes couvrent les côtés du corps, du cou, de la tête et des faces latérales externes des membres ; elles le sont plus encore sur le grouin, la queue, et à peine en voit—on au-dedans des régions inguinales, fémorales, tibiales, axillaires et cubitales qui sont presque nues. Les jeunes cochons n'ont point de soies sur le dos ni sur les côtés.

Les marcassins sont brun—clair, entremêlé de bandes brunes totalement noires, ou de cette nuance mêlée de blanc, ce qui disparaît au bout de quelques mois pour faire place à une teinte uniforme plus foncée qui finit par noircir complétement avec le temps.

Etre couverte de soies au lieu de poils n'est pas un attribut inhérent à toute l'espèce, puisque les porcs amenés à Vienne des confins de la Turquie sont habillés en partie d'une laine grossière comme celle du sanglier ; les cochons frisés de Graetz n'avaient assurément point de soies ; nous avons déjà parlé de la truie couverte de laine qui fut rencontrée jadis sur l'emplacement de la ville de Milan.

On n'est pas d'accord sur les notions à tirer de la nuance, certains pays préférant les noirs, d'autres les blonds, plus loin les roux ou les mélangés ; dans d'autres contrées on estime plus durables les porcs noirs et ceux tachés de cette teinte ; mais des idées inverses ont aussi leur cours ; en divers lieux, on

2*

est tellement éloigné de préférer les blonds, que si un sujet de cette nuance se montre parmi une portée, on se hâte de le noyer, car on suppose ladres tous ceux de cette robe; les roux et les bigarrés sont, dit-on, fort sujets à la même maladie; au fond, toutes les races domestiques y sont plus ou moins exposées.

Certaines familles blanches sont plus frileuses que d'autres et ont toujours faim.

Les auteurs qualifient blanche la nuance blonde qui, variant d'intensité du clair au foncé, peut être, selon l'âge, tantôt caractérisée brune, et tantôt blanche.

Connaissance de l'âge.

L'animal adulte a douze incisives, six en haut et autant en bas; ces dernières sont tranchantes et les premières cylindriques, écartées l'une de l'autre, prolongées en avant; deux défenses à chaque mâchoire, longues de quatre à six pouces, applaties, recourbées et tranchantes; elles sont très-grandes dans le verrat, peu prononcées dans la truie et le cochon; vingt-huit mâchelières pointues, hérissées d'aspérités; dans le Pecari, elles sont toujours couvertes par la lèvre.

Le cochon naît avec deux coins ou incisives latérales à la mâchoire postérieure;

Deux surdents incisives à l'antérieure;

Quatre défenses ou crochets;

Huit mâchelières, quatre à chaque mâchoire.

A trois mois, il y a quatre incisives antérieures ; six postérieures ; les deux plus anciennes sont usées, plus pointues et plus courtes que les quatre autres.

Quatre molaires de plus, une à chaque branche ; en conséquence, il y a alors douze molaires en tout.

Le jeune cochon qui n'a pas encore toutes ses incisives de lait a moins de trois mois.

A six mois, mutation des coins postérieurs ; quatre surdents mâchelières, deux à chaque mâchoire ; celles de la postérieure sont à quelque distance des mâchechelières dont le nombre s'est accru d'une à chaque branche, sans compter les surdents molaires ci-dessus désignées.

Les surdents incisives et les surdents mâchelières postérieures se ressemblent et ont une couronne en lys dont l'entaille antérieure est la plus faible.

Ainsi le goret a six mois s'il est pourvu de surdents mâchelières de lait, et si les six incisives caduques, les défenses de lait de la mâchoire antérieure et celles de la mâchoire postérieure, vulgairement dites *dents de loup*, sont pourvues de cercles noirs sous leurs pointes.

Les surdents incisives laitières sont rondes et pointues ; leur sommet est tourné en arrière, de manière à ce que l'espace entr'elles et les défenses de lait de la mâchoire antérieure devient trop étroit pour permettre à celles de la postérieure de s'y loger aisément pendant la manducation, motif pour lequel on les arrache.

A neuf mois, coins à pointes obtuses poussées sur la gencive; défenses de lait très-raccourcies, ébranlées et prêtes à tomber.

A un an, la bête a remplacé ses défenses et les surdents incisives antérieures, et acquis une cinquième mâchelière.

A deux ans, mutation des pinces tant antérieures que postérieures, et des premières molaires.

Si la bête a deux pinces larges et d'une hauteur égale, elle a deux ans.

A trois ans, défenses hors des lèvres, se courbant en arrière; remplacement des incisives moyennes postérieures et des coins antérieurs : naissance d'une sixième molaire à triple couronne.

Après trois ans, les défenses continuent à croître, deviennent de plus en plus saillantes et sont usées sur les faces par leur frottement mutuel : chute des surdents incisives et mâchelières; elle est plus prompte dans les verrats que chez les truies.

Si les coins de la mâchoire antérieure et les incisives du milieu de la mâchoire postérieure sont remplacés, la bête a trois ans.

L'accroissement des défenses est très-rapide; celles d'un verrat de Goin croissaient de dix-huit lignes en six mois; on a tué dans les forêts de Bourgogne, un sanglier en qui ces armes avaient trois pouces et demi de long et quatre de circonférence à la base;

elles paraissaient d'un ivoire solide ; elles atteignent jusqu'à six pouces et cinq de circonférence chez le sanglier du Cap-Vert ; en 1800, on conservait à Alfort, une broche de quinze pouces de long, racine comprise.

En termes de chasse, on nomme bêtes de compagnie, les sangliers qui ont moins de trois ans, âge avant lequel ils ne se séparent point les uns des autres, particularité commune aux cochons domestiques qui restent avec leur mère et leur grand'mère jusqu'au même âge ; les sangliers ne vont seuls que quand ils sont assez forts pour ne point redouter les loups : on suppose qu'après leur quatrième année, ces animaux commencent à vieillir et décliner.

Races.

Le cochon appartient à tous les climats et prospère dans toutes les contrées, moins au nord cependant que dans les pays chauds ou tempérés.

Chaque auteur a décrit comme races, les variétés à sa portée, et ordinairement celles de son pays ; en conséquence ce sujet est fort incomplètement connu.

On cite comme variétés principales du cochon :

1° Le sanglier ;

2° Le babiroussa ;

3° Le cochon commun ;

4° Le cochon sauvage non prohibé chez les Musulmans ;

5° L'océanique ou chinois ;

6° Le porco - mato du Brésil , ou cochon des bois ;

7° Le pecari ;

8° Le tajassu d'Amérique, que d'autres confondent avec le précédent ;

9° Le cochon de Guinée ; il ne se mêle point à ceux d'Europe ;

10° Le marron des Colonies ;

11° La très-grosse race introduite à Otaïti par les Espagnols, vers 1770 ;

12° Le cochon à pied d'âne ou solipède ;

13° Le cochon frisé de Hongrie.

En général , les meilleures races dans cette espèce sont les plus grosses, surtout si elles unissent à cette qualité un accroissement rapide.

Une taille et un poids extraordinaires semblent les attributs de certaines races, comme le gros porc Anglais, le Danois, l'Allemand et le Normand ; d'autres , très-fécondes , restent fort petites, comme le Chinois et le porc noir à jambes courtes ; enfin, il en est de taille moyenne comme le Mongolitz et le bigarré.

1° *Sanglier et cochon sauvage.*

On trouve en Allemagne, en Lorraine et en Corse un grand nombre de sangliers dont on tire une race mixte en les croisant avec les porcs domestiques : on la suppose plus vigoureuse, plus viable et moins maladive que la race commune, mais d'accroisse-ment lent.

En Corse, les métis ont les soies plus rudes, plus ébouriffées et plus fauves que celles des cochons domestiques.

On trouve des cochons sauvages dans tout l'Empire ottoman, en Asie comme en Europe; ils abondent surtout en Arabie, où la cuisine des dévots Mahométans s'en accommode fort bien; ceux du voisinage de l'Euphrate sont d'une grosseur considérable et d'un fumet exquis.

Au lever et au coucher du soleil, on les voit sortir des forêts de Siam et se répandre par troupes dans les plaines voisines; à la tête de chacune marchent constamment deux à trois verrats qui en paraissent les conducteurs; ils sont noirs, ont le dos arqué, et les jambes si courtes que le ventre traîne presqu'à terre, déterminés à ôter la vie à quiconque les blesse même légérement.

On en trouve également dans les bois d'Amérique où on en a beaucoup transporté d'Europe et abandonnés à eux-mêmes.

Ceux du Kentucky sont de taille ramassée, moyenne, à demi-sauvages, à jambes courtes et à oreilles droites.

Bolingbrook a nommé warrée, une espèce de cochon sauvage de l'Amérique intertropicale; il est à peu près égal en grosseur et presque pareil au cochon d'Europe.

On trouve au Brésil le *porco-mato* ou cochon des bois, lequel n'est point le *sus-tajassus* ou *cochon bigarré* de Bolingbrook, qu'on trouve à Maranham, mais qui n'est pas connu à Fernambouc.

Au cap de Bonne-Espérance, tous les cochons sont à l'état sauvage; leur chair est méprisée et inusitée; il y en avait pareillement à Sainte-Hélène à l'époque de la découverte.

Caractères du cochon sauvage.

Dénué de soies sur les côtés; oreilles droites; en domesticité il a pris des soies blanches et des oreilles pendantes dans les pays froids et tempérés; il craint le froid; le sanglier ne peut même subsister sans abri dans les régions polaires; selon quelques naturalistes son asservissement développe en lui ce goût pour la fange qu'on lui connaît.

Le porc commun domestique a les oreilles plus longues et moins arrondies que le sanglier, la hure plus courte et d'une force moindre, le cou pas aussi épais, les doigts moins fourchus, les soies sans laine, plus flexibles : le tire-bouchon de la queue très-fortement contourné, la peau moins épaisse, les défenses plus faibles.

L'Afrique a plusieurs espèces de cochons sauvages, dont les principales ont été désignées sous les noms de sanglier de Guinée (*Sus Porcus*), sanglier d'Afrique (*S. Africanus*), et sanglier d'Ethiopie (*S. Ethiopicus*). Le premier, ou sanglier de Guinée, a les oreilles très-amincies, pointues, la queue longue et chauve, ainsi que le dessous du ventre, l'arrière croupion vêtu de soies minces et luisantes, noires sur les côtés ; ses petits sont noirs en naissant.

Le sanglier d'Afrique a deux dents tranchantes à la mâchoire antérieure qui est plus longue que la postérieure ; il donne une chair très-délicate ; on le trouve sauvage à Madagascar et dans toutes les contrées comprises entre le Cap-Vert et le cap de Bonne-Espérance ; il a le boutoir pointu, les oreilles petites à longues pointes, des soies longues et hérissées ; sa queue pend jusqu'au jarret et finit en une houpe de soies.

Le sanglier d'Ethiopie n'a point d'incisives, mais de très-longues défenses, porte une bourse sous-oculaire, molle et oriculiforme, a le boutoir très-large, courbé inférieurement, ce qui, avec l'élévation des yeux et l'alongement excessif de la tête, lui donne un aspect hideux : son corps est très-alongé, ses jambes courtes, ses flancs presque chauves et jaunâtres ; les plus longues soies sont à la nuque, où elles sont brunes-noires et en touffes ; il est très-agile à la course, fort sauvage, féroce, et a la surface du corps très-chaude.

Babiroussa.

Malgré ses quatre énormes défenses, le babiroussa est plus doux que le sanglier, ne se mêle pas à sa brute compagnie, s'apprivoise facilement, vit en troupes et dort debout appuyé sur ses défenses.

Pecari.

Le pecari ressemble au cochon de Siam par la forme et une multitude d'autres rapports, et n'en diffère que par un petit nombre de caractères tels que l'impossibilité de produire avec le cochon domestique des métis féconds, l'ouverture dorsale, la forme de l'estomac et des intestins ; il n'a point de queue ; ses soies sont presque aussi dures que les piquants de l'hérisson ; la fente est placée sur le dos près des fesses et distille une liqueur semblable à du petit lait, de mauvaise odeur, laquelle, après cessation de la vie, se propageant à la totalité de la viande, l'infecte au point de la rendre dégoûtante, ce qu'on prévient en en enlevant les glandes immédiatement après la mort.

Pris jeune, le pecari s'apprivoise aisément et est même caressant, mais sans contracter d'attache-ment ; il n'a pas de défenses extrabuccales, ne fait par an qu'une portée géminée ; sa chair est brune.

Cette espèce préfère les montagnes et les bois, marche en troupes de deux à trois cents ; les indi-vidus se défendent mutuellement et savent même envelopper leur ennemi ; au reste, ils ont les mœurs du cochon, à l'exception de leur mutisme qui est rebelle, même aux blessures les plus douloureuses ; ils ne pourraient subsister sans abri en France.

Races Asiatiques.

Tous ceux ci-dessous désignés paraissent apparte-
nir à la race Chinoise, qui a pour caractère principal, des membres si courts que le ventre traine presqu'à terre ; ils se familiarisent plus aisément que ceux
d'Europe, peut-être conséquemment a une plus ancienne domesticité.

Sous le rapport comestible, ceux de Siam sont,
frais ou salés, de qualité supérieure à nos cochons
indigènes ; leur graisse ne durcit jamais ; ils ne se
nourrissent que de racines, d'où les qualités de leur
chair.

On les considère comme une variété du sanglier
de Guinée ; ils ont la tête courte, les oreilles plus
grandes et plus pointues ; ils sont fort court-montés
et bas du derrière surtout.

Le Mongolitz ou porc turc est de taille moyenne,
bien fait, a les oreilles courtes, redressées et pointues, la hure mince et raccourcie, le corps un peu
plus long que haut, les jambes courtes et fines, les
soies grises, frisées, rarement noires ou rouge-brun,
excepté dans les porcs de lait qui, quelquefois, sont
gris – blancs marcassinés de noir ; il pèse jusqu'à
2co kilogrammes ; on le croit de la souche du sanglier de Bosnie, race ou variété encore peu connue ;
il est indigène à la Turquie d'Europe, propagé
en Croatie ; il en vient en Autriche et même en
Bavière.

Les porcs de Java sont ramassés, courts, gros, près de terre, à soies noires presque sans poils.

La variété des opinions semble indiquer deux races dont l'une à oreilles pendantes, à ventre traînant presqu'à terre, ce qui est commun à ceux de Timor; leur chair est excellente; en raison de la promptitude avec laquelle ils engraissent, on les a proposés pour l'amélioration.

Les cochons de l'Archipel de la Société sont les plus stupides de leur espèce, quoique fortement cajolés par les femmes; mais leur chair est excellente.

Europe.

La contrariété du climat et la rareté des subsistances restreignent considérablement l'éleve du cochon dans les parties septentrionales de l'Europe; on s'en abstient même complètement au Groënland en raison de leurs dégradations, motif qui, probablement, a également déterminé les Islandais de cesser d'en élever.

Ils sont très-nombreux en Irlande, la seule ville de Cork en exportant annuellement au-delà de 60,000; le lard coule à la moindre chaleur.

Il existe dans le nord de l'Allemagne des cochons d'une taille telle, que le porcher les monte pour conduire le troupeau, et que leur poids varie de quinze cents à deux mille livres; mais ce volume exorbitant est moins un effet de la race que celui d'un mode d'engraissement particulier à ces contrées, et par lequel on parvient aussi, en Saxe, à produire des oies et des canards d'un poids extraordinaire ; la même cause développe des cochons énormes en Danemarck, en Angleterre et en Normandie.

Ceux des frontières de Turquie, principalement en Bosnie et en Servie, sont les animaux qui, dans leur espèce, ont le plus de douceur et les formes les moins désagréables ; ils portent des soies mêlées de laine grossière comme le sanglier ; ils arrivent à Vienne si gras, malgré la longueur du voyage, qu'ils ne peuvent plus marcher.

Le cochon à pied d'âne a été vu en Suède dans la vallée d'Upsal, par Linné ; en Sardaigne, par Azuni ; par d'autres en Angleterre et en France ; en Grèce, par Aristote, qui a conclu de cette conformation l'ambiguité de cette espèce ; c'est dans le territoire de Nurra, dépendance de Sassari en Sardaigne, qu'il a reçu des porchers la dénomination sous laquelle il est connu.

Il ne paraît pas qu'on ait recherché si cette conformation est réellement un caractère de race, ou si elle n'est point un effet purement accidentel de la soudure de deux ou de quatre lignes de phalanges, l'animal en question étant sujet à d'autres monstruosités qui semblent le rapprocher tantôt du cheval, telle que celle que je viens de décrire, et tantôt du rhinocéros ou de l'éléphant, comme le rudiment de trompe souvent observé à l'extrémité inférieure de la tête de gorets nouveau-nés.

Races Françaises.

On connaît celle à grandes oreilles qui se rencontre aussi en Allemagne, en Angleterre, laquelle n'est ni robuste ni féconde, et donne une viande fibreuse.

La plus multipliée en France est moins forte, plus disposée à s'engraisser promptement et amplement ; elle a trois variétés : la première noire, très-répandue spécialement au midi ; la deuxième blanche, est aussi commune dans le nord et surtout en Westphalie, où elle est moins brune et plus élancée ; la troisième est pie-noire ou pie-blanche, plus généralement multipliée au centre de la France ; les roux sont les plus estimés.

Un économiste considère les cochons de la vallée d'Auge comme la matrice de tous ceux de France ; pure, elle a la tête petite, un grouin pointu, des oreilles étroites, un corps long et épais, les soies blanches et peu abondantes, les membres menus, les os petits ; elle prend la graisse au point de parvenir quelquefois au poids de six quintaux.

Le cochon noir à jambes courtes résulte du croisement de la race d'Asie avec la grande truie originaire de Normandie : il reste presque toute l'année dans les pâturages ; les mères, les jeunes allaités et les bêtes en graisse étant les seuls qui restent à la maison.

Les gros cochons efflanqués, élevés sur jambes

sont ordinairement blancs, peu propres à l'engrais et de mauvais lard.

Le cochon de Lorraine, moyen entre les deux races précédemment décrites, est très-disposé à l'inobésation.

Le cochon blanc du Poitou a la tête longue et grosse, le front saillant et coupé droit, l'oreille large et pendante, le corps alongé, les soies rudes, les membres larges et forts ; il excède rarement le poids de 5oo livres.

La race de Périgord a les soies noires et rudes, le cou gros et court, le corps large et très-ramassé ; croisée avec celle de Poitou elle a donné la race pie aujourd'hui si répandue, et dont il a été question ci-dessus ; elle est excellente.

Arrondissement de Metz.

Total en 1819 : 19,544 appartenant à quatre variétés ;

1° Blonds ou tachés de noir, à oreilles pendantes, supposés originaires d'Allemagne, et plus susceptibles d'engrais ; quoique d'autres la trouvent inférieure à la race commune à oreilles droites, à laquelle appartient le plus grand nombre des cochons du pays.

2° La race de Ste.-Barbe, la plus grande de toutes, peu nombreuse et limitée à cette commune, n'est probablement qu'une variété due à une nourriture plus soignée et à un meilleur choix de verrats ;

les truies ont un aspect redoutable et atteignent à deux pieds huit pouces.

3° Les soins de plusieurs riches propriétaires de Chérisey, Pournoy, Orny, St.-Hubert, Vigy, etc., maintiennent des métis sangliers qu'on suppose exempts du pourpre : à St.-Hubert on assurait, en 1819, qu'un énorme sanglier y exerçait les fonctions de verrat communal.

L'importation des cochons à oreilles pendantes a donné des résultats peu satisfaisants.

V. Sensations.

Les organes du goût et du toucher sont extrêmement grossiers ; la vue, l'ouïe et l'odorat paraissent assez fins ; la susceptibilité de ces sens paraît conforme à ces dispositions ; quoique peu affectés par une multitude de corps âcres ou amers tels que les *renonculacées* (1), les *pédiculaires* (2), les *euphorbiacées* (3), les *liliacées* (4), les *orchidées* (5), les

---

(1) Famille des renoncules, plantes très-abondantes dans les prés, les cultures, les parties peu fourrées des bois ; d'autres renonculacées sont les hellebores, le souci des marais, (caltta) la petite chelidoine, les anémones.

(2) Celle des marais est la plus commune ici.

(3) Les plus communes sont les tithymales.

(4) Le lys, les asphodèles.

(5) Les orchis sont très-communes dans les pâturages, et toutes ont de fortes racines recherchées par les cochons ; les espèces les plus répandues sont : O. blanc (bifolia), O. pyrami-

aroïdes (1), les *alliacées* (2), ces sens éprouvent promptement la puissance des *assoupissants*, des *narcotiques* les plus faibles, probablement parce que le sujet est naturellement disposé au sommeil : ainsi l'*ivraie*, la *cynoglosse*, le *chanvre*, les *solanées* (3) l'endorment de même que les *laitues saligne*, *vireuse* et la *ciguë* qui peuvent même le faire mourir ; on assure qu'il mange impunément le *manioc* et le *cyclamen*; l'*élaterium* le fait vomir et le purge avec violence ; la *bryone*, même à assez faible dose, cuite dans un potage auquel elle avait été erronément combinée par suite de confusion avec le *panais*, a fait promptement périr un cochon dans les convulsions, ce qui prouve que l'estomach de cet animal n'est point absolument à l'abri des effets de tous les corps âcres indistinctement.

Mais examinons l'action de chaque sens en particulier.

Toucher.

Il a le toucher cutané très-obscur, surtout quand il est fort gras, au point que des souris et des rats

---

dal, O. punais (caryophora), O. bouffon (O. morio), O. mâle, O. militaire, O. des bois, O. à panache, O. à larges feuilles, O. taché, O. ordorant, perceneige, glayeul.

(1) Pied de veau.

(2) Les diverses espèces d'ail sauvage abondent dans nos prairies.

(5) Les diverses morelles, la belladone, la jusquiame, le bouillon blanc, le B. noir, la pomme épineuse, la mandragore.

3*

ont niché dans son lard sans qu'il ait paru le sentir; cependant, selon Wiborg, il craint plus les coups de fouet que les percussions ligneuses qu'il faut néanmoins lui ménager, à raison du peu de consistance ordinaire de ses os.

La sensibilité au chaud et au froid peut être considérée comme une modification du toucher; le cochon paraît souffrir de la grande chaleur et de la sécheresse, puisqu'alors on le voit se vautrer continuellement dans la fange des mares et en imbratter plus ou moins complétement sa peau, ce qu'il ne tarde pas à renouveler dès que la pommade se dessèche; mais la netteté des trous souterrains que se creuse le sanglier et qu'on nomme chaudières, prouve qu'il hait la malpropreté.

Il est très-connu pour craindre le froid; cependant il aime une fraîcheur modérée, ainsi qu'on le voit par les emplacements éventés où il préfère reposer.

La grande irritabilité gutturale du cochon contraste singulièrement avec l'insensibilité apparente de sa peau, ainsi qu'il ressort évidemment de la violence avec laquelle il est tourmenté par l'ingestion de corps à l'état pulvérulent et même par les sels imparfaitement dissous; cette même irritabilité se concilie peu avec la consommation d'une multitude de corps âcres dont l'innocuité dépend peut-être de leur état humecté et de la précipitation avec laquelle ils sont avalés.

Goût.

Son indifférence sur la saveur des matières amères styptiques, âcres et même caustiques dont il fait sa nourriture, prouve combien, chez lui, le sens du goût est obtus; aussi, de tous les animaux domestiques, il est le moins difficile sous le rapport des aliments, n'ayant en général d'autre propension que celle de se remplir promptement et amplement; il consomme en conséquence une multitude de corps dont la saveur rebute la plupart des autres quadrupèdes : il est si vorace qu'il mange tout ce qu'il rencontre d'humide et d'onctueux; on n'en élève pas sans danger à portée des enfants à qui ils tronquent main ou pied, soit par leur voracité et leur brusquerie à se saisir des aliments qu'ils voient entre les mains de ces innocents, soit même en les attaquant au berceau s'ils peuvent en approcher.

Cet animal mâche peu, et dès qu'il est gorgé il se repose et dort en Roi de Cocagne.

Son indifférence sur les saveurs souffre néanmoins quelques exceptions, surtout quant aux amers, puisqu'on empêche la truie de dévorer ses petits, en leur frottant le dos d'une décoction de coloquinte.

Il a un goût décidé pour les substances fermentées.

La gloutonnerie est chez lui un vice très-précoce, puisqu'elle expose souvent les petits à se noyer dans les baquets trop profonds.

Vue.

Cette faculté est fort perfectionnée dans le sanglier ; mais la position de ses yeux l'empêche de voir en arrière sans se tourner.

Ouïe.

L'approche des orages l'inquiète beaucoup ; on le voit courir de tous côtés, la gueule pleine de paille pour se préparer les moyens de dormir au sec, ce qui prouve sa prévoyance et le profit qu'il tire de l'expérience et de l'imitation.

Puisque le bruit des sonnettes mises au cou des chiens effraie le sanglier au point de le déterminer à fuir, on voit qu'il goûte peu l'harmonie des cloches ; ceux de Caroline en ont des idées absolument inverses.

Odorat.

L'habileté du cochon à exhumer les matières souterraines qui conviennent à sa nourriture, et l'emploi que l'art culinaire des Périgourdins a trouvé convenable de donner à ce bourru après l'avoir muselé, pour l'empêcher d'avaler les truffes qu'il découvre, prouve la délicatesse de son odorat qui, sous ce rapport, rivalise celui du chien ; la perfection de cette faculté est proportionnée à la nécessité de ce sens qui, pour le cochon, est celui qui importe davantage à sa conservation individuelle et qu'il exerce le plus.

Elle le dirige dans le choix des corps âcres et amers qu'il emploie à sa subsistance, et le met en état de les démêler de ceux qui pourraient lui nuire ; d'où semble résulter que la saveur des corps quelque âcre ou amère elle soit, est un indice moins assuré que l'odeur pour en découvrir les propriétés nuisibles, et que la combinaison des idées d'odeur et de saveur est indispensable à l'éclaircissement de pareilles recherches.

VI. Moral; Habitudes.

Le cochon est d'un caractère brusque et brut, gourmand, très-lascif, sale et insensible ; on voit beaucoup de ressemblance entre sa manière d'être et celle du rhinocéros, jadis considéré par les Egyptiens comme le symbole de l'ingratitude, de l'injustice et de la violence, et comme tel en aversion à ce peuple compassé.

Les petits cochons reconnaissent à peine leur mère et tettent la première truie qu'ils rencontrent si elle y consent : d'autres économistes ont mis tant de pathétique à exprimer le contraire, qu'on est tenté d'en être affecté jusqu'aux larmes, de pitié ou d'envie de rire, selon l'humeur.

La propension de la truie à dévorer ses petits est un vice individuel, les exemples les plus fréquents prouvant que même, souvent mal nourrie, elle ne prend pas moins les soins les plus attentifs de sa progéniture ; elle défend ses jeunes avec courage, vio-

lence et empressement, les emporte dans sa gueule
en fuyant, sait les compter, dit un agronome Pari-
sien qui a vu les gorets nouveau-nés employer les
premiers instants de leur existence à se traîner vers
la tête de leur mère souffrante *pour adoucir*, par
leurs caresses, les douleurs qu'ils lui avaient causées!
O risu teneatis! Si cela n'est pas vrai, c'est tout au
moins fort sentimental.

Il est vrai que dans l'état sauvage et même quelquefois en domesticité, surtout avec des soins, cet
animal manifeste moins d'insensibilité et plus d'intelligence; il est susceptible d'être apprivoisé, de
suivre, se laisser manier comme un chien, témoin
une truie de ma tante qui l'en reconnut fort mal, et
ces cochons que les dames de Lima et des autres
villes du Pérou et du Chili caressent comme de petits chiens chéris et dont elles se font suivre.

A la fin du xviiie siècle, des sangliers apprivoisés
se promenaient tranquillement dans les rues d'Aran-
juez, et on était quelquefois obligé de les écarter
pour se frayer passage; ils allaient jusques dans les
maisons disputer aux animaux domestiques les résidus de la cuisine; au Prado, ils venaient à heures
fixes recevoir à manger de la main des domestiques
du Roi.

Mais l'intelligence des cochons ne se développe
point sous les cajoleries continuelles des femmes de
l'Océanie, d'où résulte que dans certaines races,
le moral est réfractaire à toute éducation: cette stu-

pidité serait-elle l'effet de la surabondance d'aliments dont on les surcharge, cause également probable de leur excessive brutalité, de même que leur jeunesse ordinaire et la réclusion où on les retient, laquelle les empêche d'acquérir de l'expérience, de se familiariser avec ce qui les environne, et les prédispose à s'effrayer facilement?

Leur plénitude habituelle les maintient dans un état d'ivresse et de torpeur continus, suite de la digestion laborieuse de tant d'aliments, disposition aggravée par la pléthore sanguine où les entretient leur régime; ils ne sortent de cet engourdissement que par une espèce de réveil en sursaut qui a lieu chaque fois qu'une impression est assez forte pour attirer leur attention.

Lorsque la truie rassemble sa famille dispersée, s'il manque quelqu'un de ses petits, elle le recherche avec la plus grande attention, ce qui dénote en elle la faculté de compter; on a même montré publiquement des animaux de cette espèce qu'on supposait doués de la science des nombres et qui en donnaient les signes; mais il paraît que toutes les laies n'ont pas le même degré d'intelligence, car un de mes oncles en ayant rencontré une suivie de quatorze petits, et s'étant avisé de lui en voler deux, il dut aussitôt en relâcher un pour pouvoir serrer le grouin à celui qu'il conservait, afin de l'empêcher de crier, ce qui fut suffisant pour déterminer la laie à continuer son chemin, satisfaite d'avoir récupéré un de ses marcassins et sans se douter qu'il lui en manquait un second : elle ne savait donc pas compter, cette chère mère, et c'est sur quoi le malin paysan fondait son audace ; aussi il me dit : « *Elles ne* » *savent pas compter, et il suffit qu'elles ne voient,* » *n'entendent ni ne sentent le petit pour le laisser* » *emporter tranquillement.* »

On a vu des cochons ouvrir des portes pour voler des friandises, et d'autres tirer la broche d'une barrique pour se régaler de bierre et la replacer ensuite pour cacher le délit ; on en a dressé à tout faire au son du cornet, à se démêler et à se rassembler à la volonté du gardien, même quand ils sont confondus avec ceux d'autres propriétaires et dispersés dans les bois ; on en a instruit à servir de spectacle en faisant des tours, en dansant, etc.

Mais le parti qu'on en a tiré pour labourer, enfoncer les semences, déterrer les truffes et chasser, est un effet passif de leurs dispositions naturelles, comme battre la caisse est le développement artificiel d'un tic particulier au lapin.

Puisque la férocité des cochons des anciens Gaulois était aussi redoutée que celle des loups, on voit que les mœurs des animaux changent avec celles de l'homme et par les mêmes causes, et qu'en devenant moins exposés aux attaques des bêtes féroces et étant moins maltraités et mieux soignés, ils doivent nécessairement devenir moins farouches.

Sociabilité.

La disposition des animaux sauvages à la sociabilité se contracte d'enfance, d'abord consécutivement à leurs rapports presqu'innés avec leur mère; 2° aux besoins qu'ils en ont pendant les premiers temps de leur existence; 3° aux avantages qu'ils obtiennent de la présence de leurs frères et de l'agrément qu'ils éprouvent en couchant avec eux par la transmission réciproque de la chaleur individuelle, et de la sûreté de cette société pour leur défense commune.

Ces habitudes subissent un commencement d'altération par le développement de l'inflexibilité naturelle du caractère des mâles les uns relativement aux autres, et finissent par se rompre entièrement à l'apparition des facultés prolifiques.

Notre Malpropre a été nommé GROGNARD par excellence, en raison du ton le plus habituel de sa voix; il paraît que ne pouvant articuler un seul mot, il est réduit à grogner et à crier, ce qui se répétant à tout propos, indique en lui peu de bienveillance envers les autres espèces et même pour celle du chien qui, cependant, est l'ami commun de tous les quadrupèdes domestiques hors celui-ci qui ne paraît se plaire qu'avec le mouton, lequel étant silencieux et impassible, ne le distrait jamais des graves méditations dans lesquelles il se complaît, surtout après ses repas.

Néanmoins , puisqu'en combattant , le sanglier gronde d'une manière qui provoque tous ses confrères , qu'il exprime ses besoins et ses craintes par des cris , et sa satisfaction par un léger grognement, il s'ensuit que les accents de cette espèce constituent un langage intelligible à tous les individus qui la composent, ainsi qu'il a été observé dans les autres bêtes.

Mais, outre l'état où le maintiennent ses digestions pénibles , cette mauvaise humeur peut avoir une cause morale très-naturelle et fort puissante ; en effet, quand dans les villages on égorge de ces animaux, a-t-on soin de le cacher à leurs semblables. Remarquons que ceux de Turquie sont très-doux : ces êtres malheureux peuvent en outre avoir une idée instinctive de leur funeste destination , ainsi que le bon Lafontaine l'a si naïvement exprimé dans une de ses fables qui ne sera point déplacée ici : (1)

LE COCHON, LA CHÈVRE ET LE MOUTON.

Une chèvre , un mouton et un cochon gras
Montés sur le même char s'en allaient à la foire ;
Leur divertissement ne les y portait pas ;
On s'en allait les vendre, à ce que dit l'histoire,
Le charton n'avait pas dessein
De les mener voir Tabarin ;
Dom pourceau criait en chemin

---

(1) Fable xii, liv. viii. in-8°. Leyde , 1778.

Comme s'il avait eu cent bouchers à ses trousses;
C'était une clameur à rendre les gens sourds!
Les autres animaux, créatures plus douces,
Bonnes gens s'étonnaient qu'il criât au secours;
     Ils ne voyaient nul mal à craindre.
Le charton dit au porc: qu'as-tu donc à te plaindre?
Tu nous étourdis tous; que ne te tiens-tu coi?
Ces deux personnes là plus honnêtes que toi
Devraient t'apprendre à vivre, ou du moins à te taire!
Regarde ce mouton, a-t-il dit un seul mot?
     Il est sage; il est un sot
Répartit le cochon; s'il savait son affaire,
Il crierait comme moi du haut de son gosier,
     Et cette autre personne honnête
     Crierait tout du haut de sa tête;
Ils pensent qu'on les veut seulement décharger,
La chèvre de son lait, le mouton de sa laine;
     Je ne sais pas s'ils ont raison,
     Mais quant à moi qui ne suis bon
     Qu'à manger, ma mort est certaine;
     Adieu mon toit et ma maison.
Dom pourceau raisonnait en subtil personnage,
Mais que lui servait-il? quand le mal est certain
La plainte ni la peur ne changent le destin;
Et le moins prévoyant est toujours le plus sage.

Quant aux cris qui accompagnent leur retour des pâtures; le motif des petits est le désir de dîner promptement irrité par les obstacles qu'ils rencontrent, comme la longueur et les embarras du chemin, la porte fermée, les maîtres absents: et quant aux gros que leur pesanteur retarde, c'est le dépit de se voir devancés par les petits et les moyens, que leur imagination suinique se figure voir tout dévorer et ne rien laisser.

Quand les cochons du Frioul partent des villages pour aller en pâture, ils sortent posément des maisons et joignent assez tranquillement le troupeau à son passage ; ils marchent alors en troupe serrée et se dispersent rarement jusqu'au pâturage ; en marchant, ils poussent de petits grognements peu élevés ; mais le soir, au retour, c'est à qui arrivera le premier au logis ; la bande est toute en désordre et occupe une grande étendue de chemin ; ceux qu'embarrasse leur masse témoignent par des hurlements effrayants leur désespoir d'être devancés ; arrivés à la porte de leur domicile, ils s'y poussent de tout leur élan ; si la porte est fermée, ils grattent avec impatience, se dressent contre, frappent du boutoir, hurlent et font des contorsions comiques jusqu'à ce qu'on leur ait ouvert. Rien n'est plus singulier que de voir ces troupeaux se précipiter à toutes jambes, dans les petites villes d'Italie, sans égard pour les hommes et les animaux qui se trouvent dans les rues, où ils se dispersent et se lancent dans chaque maison comme s'ils étaient poursuivis ; trois à quatre petits garçons gardent trois à quatre cents cochons qui sont si familiers que pour peu qu'on en fixe un, il vient flatter en frottant les jambes de son sale grouin, douceur qui ne les empêche pas de résister vertement aux animaux qui les attaquent.

Leur affabilité envers leurs pareils ne va pas jusqu'à l'auget : ainsi, quoique gorgés à pleines narines et succombant en quelque sorte à l'engourdissement qui accompagne une digestion surchargée, on ne les voit sortir de leur apathie que pour repousser à grands cris les camarades qui, maigres et plus faibles, envient, mais n'approchent qu'avec crainte, les déversures de leur repas : ainsi, sous ce rapport, le cochon est analogue aux égoïstes, qui, déjà gorgés du fruit de leurs rapines, n'en discontinuent pas moins à refuser brutalement des secours aux nécessiteux et même s'efforcent de détourner à leur propre avantage, ceux que leur destinent des âmes compatissantes, s'insinuant à cet effet dans les quêtes, les souscriptions, etc., etc., que, pour cette cause, on pourrait nommer dans nombre de cas, *guettes*, *sousgriptions*, etc.

J'aurais beaucoup de propension à considérer le cochon comme une prison servant à la détention, après la mort, des âmes de ses analogues humains dont il continuerait à manifester les inclinations d'une manière absolument animale; le plaisant de la métamorphose serait que l'homme vil, ainsi emmaillotté, conserve l'idée et le regret de sa situation passée, la crainte d'être deviné sous ce masque, soit clairement informé de sa prochaine destinée comme cochon, et que ses mânes transposés de pièce en pièce, des débris déjà mangés à ceux à consommer, conservent jusqu'à la dernière fibre, avec le sentiment d'être, l'horreur d'une fin imminente, les douleurs de l'assaisonnement et de la cuisine, les transes de la mouture maxillaire et la confusion de l'ignominie d'une transformation en excréments destinés à être de nouveau affreusement dévorés par un animal de la même espèce pour y subir les mêmes tourments.

En vénerie, on nomme bêtes de compagnie les sangliers âgés de moins de trois ans, époque de la vie avant laquelle ils ne se séparent point les uns des autres ; particularité commune aux cochons domestiques qui restent avec leur mère ou leur grand'mère jusqu'au même âge ; les sangliers ne vont seuls que quand ils sont assez forts pour ne point redouter les loups.

Ainsi que les pecaris, l'espèce tant sauvage que domestique dont je traite forme, par la réunion des familles, des troupeaux composés des mères, des jeunes et des petits de 24 à 30 mois, aggrégation dont ils font dépendre leur sûreté : les verrats vivent isolément dans les bois en vrais philosophes ; mais en Caroline et en Kentucky on leur place des sonnettes au cou et on charge les plus âgés de diriger les troupeaux qui sont ordinairement de 500 têtes et plus : lorsqu'ils sont attaqués, ils résistent par le nombre, les plus gros faisant face en se pressant les uns contre les autres, et en mettant les plus petits au centre ; il en est presque de même sur plusieurs points de l'Europe où on utilise la férocité du verrat en l'employant à garder les cochons en glandée ; il les défend contre les loups, ce qui indique en lui l'esprit conservateur qui crée, maintient et assure les sociétés ; la dispersion de ces troupes est facile, ces animaux ayant une grande propension à s'écarter au loin : des truies prennent même l'habitude d'aller mettre bas au bois, et après les avoir cru perdues pendant six à sept semaines, le propriétaire est agréablement surpris de les voir revenir à la maison en grande compagnie.

La subordination s'observe non seulement des femelles aux mâles, des petits aux gros et des plus plus jeunes aux plus âgés ; mais aussi de la part de tous les cochons indistinctement envers les verrats et les truies : dans un navire sur lequel voyageait dom Pernetty (1) existaient nombre de ces bêtes, et un seul pourceau coupé ; pour aller reposer, ce dernier devançait ordinairement les autres d'environ une demi-heure, allait rôder autour de la litière, en arrangeait le foin qu'il arrachait avec les dents pour le porter au gîte, et en remplissait les endroits où il en manquait ; les autres étant arrivés, se couchaient ensemble, tandis que le castrat ne s'y mettait que le dernier ; si quelqu'un d'entr'eux ne se trouvait pas à son aise, il se levait et s'en prenait au pourceau coupé qu'il mordait et l'obligeait à coups de dents d'aller chercher du foin et d'en fortifier la

____

(1) Voyages de dom Pernetty aux îles Malouines, en 1764, t. 1, p. 155.

litière ; les femelles surtout, étaient délicates sur cet article : voilà donc un cochon contraint par sa société à lui servir de valet de chambre !

Habitudes de propreté; propension pour l'eau, etc.

Les animaux herbivores en général ne paraissent pas avoir pour leurs excréments la même répugnance que l'homme, les omnivores et les carnivores ; le bœuf en liberté, la vache dans son étable, le cheval et la brebis abandonnés à eux—mêmes couchent sur leur fiente, ce dont les fesses de la vache portent presque généralement les traces en Lorraine, tandis qu'en Hollande, l'habitude générale de la propreté et une disposition particulière des étables ont réussi à éviter cet inconvénient qui, du reste, ne paraît point nuire à la santé de la bête ; quant au cochon, sa malpropreté est proverbiale, et j'ai déjà eu plus d'une occasion d'exprimer sa propension à se vautrer dans la fange et à jouir dans un repos délicieux ordinairement pris au soleil, de l'agréable fraîcheur et du parfum de cette charmante onction.

Cependant ces dispositions semblent acquises, car quand ils sont encore très-jeunes, on les voit déposer leur fiente dans un coin écarté de l'étable ; s'ils se vautrent dans la fange, dans les mares, l'eau est bientôt transformée en boue par leurs mouvements ; mais cette malpropreté est en grande partie l'effet du défaut d'un volume d'eau suffisant : certaines races ont même une si grande aversion pour l'odeur d'urine, que les Javans, pour éloigner les cochons de leurs habitations, suspendent des chiffons imbibés de ce produit qui n'aurait certainement pas le même effet sur ceux de notre pays, dont la sensibilité, sous ce rapport, est amortie par leur réclusion habituelle dans des cloaques infects et sans air.

Au reste, ils semblent éprouver habituellement dans la peau une sorte de prurit peut-être dû à des insectes, lequel rend ces immersions nécessaires, ainsi que le prouve le plaisir qu'ils manifestent quand on les gratte sur le dos et surtout sous le ventre, et leur disposition à se frotter à tous les corps durs qu'ils rencontrent, habitude qu'ils ont en commun avec le tapir.

Il est cependant démontré que les cochons n'engraissent jamais bien quand, par malpropreté, on les oblige à coucher dans leur fiente qu'on néglige de retirer de leur toit, et qu'ils dépérissent même si la malpropreté est extrême.

La disposition de notre héros à fouiller, le détermine à sapper le pied des murs, à déraciner les arbres, à renverser les prairies et les cultures; dans l'état sauvage, elle le conduit à se creuser un abri souterrain, et par ce qu'on raconte du domicile du sanglier d'Afrique, et de la propreté des retraites de ceux de notre pays, on voit que partout ces animaux utilisent cette faculté à leur logement.

Allures.

Le cochon même jeune ne se ploie point facilement, et moins encore quand il a pris tout son accroissement et qu'il est devenu très-gras ; tous ses mouvements latéraux sont exécutés d'une seule pièce, de même que sa progression lorsqu'il veut se presser.

En marche, il va posément si le voyage est long ; mais s'il y a peu de distance et surtout si le troupeau s'attend à trouver à manger au but, c'est à qui arrivera le premier ; une fois lancés, il est très-difficile d'arrêter leur course.

Le sanglier mâle marche plus large du derrière que du devant ; c'est le contraire pour la femelle ; l'un et l'autre mettent constamment la piste postérieure dans ou très-près de celle de devant, appuient plus de la pince que du talon, et donnent communément des gardes en terre, lesquelles ils élargissent par dehors.

En avançant, les porcs privés ouvrent les ongles de devant, appuient plus du talon que de la pince, ne mêlent point la piste postérieure à l'antérieure, et le dessous de leur sole étant charnu, la trace n'en est point applanie comme celle du sanglier.

Ce dernier fuit en serpentant, par suite de l'impossibilité où le met la position de ses yeux de voir en arrière.

Le cochon est grand ennemi des serpents, ce qui rend son espèce fort utile dans les pays chauds.

L'aptitude de ces quadrupèdes à la natation est connue ; ils traversent les fleuves et les mers par files, celui qui suit appuyant constamment la tête sur la croupe du précédent ; selon Clarke, on voit nager une multitude de sangliers entre les îles du Dniéper, lesquels ne cessent de passer de l'une à l'autre ; les cochons de la Moselle en font tout autant ; le babiroussa nage également bien et plonge encore mieux pour se soustraire à ses ennemis.

On a écrit mais on n'a pas expliqué comment, en nageant, le cochon pouvait se couper la gorge.

Un porc fut le seul animal trouvé vivant sur un vaisseau abandonné dans les parages du Japon par suite d'une tempête qui avait duré plusieurs jours, ce qui prouve son aptitude à supporter les fatigues de la mer, faculté qui peut être due à la grande facilité avec laquelle il vomit, les secousses de ces mouvements convulsifs devant être considérées comme causes principales de l'affaissement qui les suit ; on doit sans doute à cette faculté la propagation de l'espèce dans toutes les îles de l'Océan Pacifique.

VII. Génération.

Choix des procréateurs.

Le verrat aura la tête grosse, de grandes et larges oreilles, le grouin court et camus, les yeux vifs, le cou long et gros, le corps ramassé et cylindrique en proportion de sa taille, le rable large et droit, le ventre avalé, les fesses amples, les testicules gros, les membres courts et épais, les soies noires et touffues si c'est pour un pays froid, mais en petite quantité pour le climat opposé : en tous cas, il laissera voler au vent de longs fanons naissant des bords postérieurs de ses membres, enfin il sera bon étalon.

La truie proviendra d'une race féconde; aux caractères du verrat, moins les fanons prétentieux, elle unira des dispositions pacifiques, un bon âge, un long corps, des reins et des épaules larges, un ventre vaste, de longues et nombreuses tettasses, des soies douces : elle ne sera ni méchante ni vorace et respectera ses petits.

Quoique pubère à six mois et même à dix semaines et susceptible quelquefois de donner de bons produits avant sa première année, le verrat ne sera employé qu'à dix-huit ou vingt-quatre mois, ce qui en prolongera l'usage jusqu'à cinq ans ; plus tard, il est usé en raison de l'extrême salacité de son tempérament ; en certaines contrées, on l'utilise de huit à dix-huit mois seulement, et la race se soutient bien ; à ce dernier âge, il commence à devenir méchant, et à deux ans il est déjà féroce au point de pouvoir être employé à protéger contre les loups le troupeau en glandée.

De toutes les femelles domestiques, la truie est la plus prolifique et conséquemment la plus profitable de la ferme, donnant de dix à quinze petits par portée et portant deux fois par an.

Les truies vieillissent en proportion de leur fécondité; quoiqu'elles donnent des signes de chaleur du quatrième au septième mois, on ne commence à les faire porter qu'après leur première année, continuant ainsi jusqu'à la septième; mais une grosse truie appartenant à une de mes tantes, tuée à seize ans, fut trouvée pleine; une autre femelle de cette espèce et de race chinoise, a donné de bons produits à dix-huit mois : si elle n'a point été fécondée, ces signes reparaissent au bout de trois semaines.

Elle se fait souer dès le vingt-unième jour après sa délivrance, à moins d'épuisement par un allaitement excessif.

La plus grande certitude de la fécondation dès les premières semaines qui suivent le part, dépend évidemment de la majeure sensibilité de l'utérus à cette époque, état qui rend plus facile le développement de l'orgasme vénérien par ses causes ordinaires, et assure une sécrétion spermatique mieux élaborée; il suit de ce principe, que l'infécondité dans les vieux animaux, résulte principalement de la disposition contraire, laquelle doit nécessairement occasionner une diathèse locale opposée; et telle est probablement la cause de la stérilité de nombre d'adultes de bon âge et par laquelle l'abus des facultés génératives en épuisant et en éteignant la sensibilité dans les organes, les jette dans une sorte de paralysie qui produit les mêmes résultats.

La truie donne communément autant de petits

qu'elle a de mamelons, fait qui constitue une des preuves admirables de la puissance conservatrice de la nature, et le nombre de la première portée est un indice presque assuré de la force de chacune de celles à attendre; ainsi dès-lors, on peut connaître le degré de sa fécondité, qui ne varie ensuite que par des causes extraordinaires; si le nombre des produits est moindre que celui des mamelons, la truie est d'un mauvais rapport; s'il excède, c'est un prodige.

Elle porte ordinairement dix à douze cochonnets; mais ils sont plus faibles que si la portée est de huit à neuf seulement et moins faciles à nourrir par elle; en Angleterre une truie Chinoise a donné en onze années et en vingt portées 355 petits; Vauban a obtenu des résultats étonnants en calculant le rapport d'une truie en dix ans; la plus forte fut de 24; le village de Norroy-le-Veneur a offert un exemple également remarquable au commencement de ce siècle. Au temps de Varron, on possédait encore au Lavinium, la statue en bronze de la truie d'Enée qui avait mis bas en une seule portée 30 pourceaux blancs; les prêtres conservaient le corps de cette vénérable matrone dans la saumure; l'histoire ne dit pas s'ils avaient enté quelque superstition sur cette relique qu'ils ne gardaient sans doute pas par pure curiosité; on invoquait probablement cette divinité pour assurer la fécondité des truies profanes : une autre, sans doute d'une plus grande sainteté encore, donna 37 cochons en une seule portée.

Rut.

Le sanglier entre en rut à la fin de novembre ou au commencement de décembre, état qui dure cinq semaines environ pendant lesquelles il court de tous côtés, la gueule écumante : la laie n'est cédée qu'après combat ; comme dans les autres espèces, le verrat devient plus féroce au temps de l'accouplement et la femelle après le part.

On tiendra le premier isolé ou mêlé aux cochons mâles ; pendant le rut, on le nourrit d'avoine ou d'un autre aliment qui le fortifie et l'égaie, et on le clot chaudement en une loge éclairée.

Selon les sectaires d'Isis, la truie se faisait ordinairement couvrir au commencement du déclin de la lune, ce qui pourrait bien ne pas avoir lieu en Europe.

Les signes de chaleur dans cette femelle sont une gueule baveuse et écumante, le saut sur les porcs ; les lèvres de la vulve sont enflées et rouges ; on la laisse passer un jour dans cette disposition avant de la conduire au verrat.

Saut.

L'époque à préférer pour le saut varie selon le but qu'on se propose dans la fécondation ; s'il s'agit de produits à conserver, il aura lieu de la mi-novembre en juin, afin que les petits aient avant l'hiver le temps de se développer et de se fortifier assez pour résister au froid ; si, au contraire, les gorets sont destinés à mourir dans leur premier mois, on disposera le saut de manière à ce qu'il en naisse dans toutes les saisons où ils se vendent le mieux ; pour en obtenir en mars, on fait couvrir en octobre, et à la suite de ce premier part, on se ménage une deuxième portée pour l'arrière-saison.

Pour faire féconder la truie, on la retient sous le toit avec le verrat pendant quelques jours ; on en donne de douze à vingt à ce dernier quand il commence à les courir ; mais si on le tient seul, il peut souer quatre femelles par jour.

Le saut est lent et dure trois à quatre minutes avant l'éjaculation qui se découvre à l'interruption soudaine des mouvements du verrat et à l'espèce de calme, d'abattement et même d'étourdissement qu'il éprouve alors, ce qu'il importe d'observer afin de connaître avec précision l'époque du part futur, vu les soins à donner à la mère pendant ce travail.

Gestation.

La truie porte cent-treize jours et met bas le cent-quatorzième, délai qui se prolonge à mesure qu'elle avance en âge, de manière à ce que, dans les plus vieilles, la durée de la gestation dépasse rarement les dix-huit semaines, et oscille généralement entre le cent-neuvième et le cent-vingt-troisième jour ; mais la plupart cochonnent du 116 au 120e ; cependant la race et d'autres circonstances peuvent influer sur cet état.

Cette différence de plus de quinze jours entre l'époque du part des jeunes truies et celui des vieilles, dépend probablement de l'amoindrissement progressif de l'irritabilité de la matrice.

Les deux portées par an qui sont dans la capacité ordinaire de la truie, doivent être préférées à trois qui l'énerveraient quand même on ne les exigerait qu'en quatorze mois ; ce ménagement lui permet d'ailleurs de fournir des petits mieux développés, d'une force et d'une vivacité majeures, de les allaiter plus sainement, d'une manière plus durable et avec moins de fatigue.

On aura des réduits à part pour les truies pleines et celles en gésine afin de prévenir l'avortement des mères et la suffocation des jeunes par leurs aînés ; ils pourront sortir à volonté dans l'avant—cour de chaque toit qui sera bien séparée, afin qu'ils s'y promènent et reposent en sûreté au soleil ; on en éloignera la volaille dont la fiente les fait maigrir.

Dès que la mère sera pleine, on la séparera du verrat, on la nourrira suffisamment sans viser à l'engraissement, les truies grasses étant sujettes à périr pendant le part, ayant moins de lait et étant exposées à étouffer leurs petits pendant l'allaitement.

Part.

Puisque dans les livres d'Art vétérinaire et d'Agriculture, on lit que la truie *parie* à tel âge, ou peut considérer ce verbe comme l'actif de *part* et

comme exprimant la parturition de toutes les femelles domestiques, d'autant plus convenablement,
qu'il n'a pour synonyme que le terme composé *mettre
bas.*

On aime le part en mars, par la facilité du sevrage à l'époque de l'année où le cultivateur est
pourvu de lait, et l'animal devenu assez fort pour
paître l'herbe nouvelle; d'ailleurs en décembre il est
déjà digne d'être élu commensal de l'homme, ou
devient vendable au printemps suivant.

La laie se retire à l'écart pour mettre bas sur une
espèce de lit qu'elle s'est préparé ; elle dévore le
placenta et quelquefois plusieurs de ses petits : la
truie prête à mettre bas doit être enfermée dans un
endroit spacieux et propre où elle puisse trouver en
grande quantité de la paille courte pour se faire un
gîte et une litière qu'elle construit en cercle au centre duquel elle se blottit au commencement des douleurs ; si la paille manquait, la mère pourrait étouffer ses jeunes.

Le part a lieu avec de longues douleurs qu'elle
dénote par des rugissements et un regard sauvages;
à l'instant de l'expulsion, il faut soigneusement enlever l'arrière-faix pour empêcher la mère et ses
petits de le manger et d'en contracter le goût, ce
qui, plus tard, l'induit à dévorer ses produits; on
prétend aussi que le lait est plus abondant chez celles
qui s'en abstiennent; cette disposition lui est commune
avec toutes les femelles tant sauvages que domestiques,

carnivores ou herbivores auxquelles aucune propension à la voracité n'a été reconnue: je dois cependant dire que je considère cette habitude comme nécessaire, cette matière devenant un analeptique trèsconvenable à l'état de faiblesse où la femelle a été réduite par les efforts qui ont effectué sa délivrance.

Les longues et vives douleurs qui accompagnent le part de la truie, en cela différente des autres bêtes domestiques, semblent indiquer qu'elle aussi, avait mangé du fruit défendu, puisqu'elle participe à cette portion de la malédiction divine. Monsignor STRIGLIAMAJALI, Grand porcher de S. E. le Cardinal Litta, m'a assuré que leur durée et leur intensité résultaient de ce qu'au lieu de s'en tenir à une seule pomme, elle en avait dévoré près d'un hectolitre.

L'amnios déchiré, le goret paraît à découvert, lacère le cordon ombilical, reste quelques instants tranquille, et commence ensuite à marcher et à chercher les mamelons.

Le part terminé, il faut fournir abondamment et fréquemment à la mère, une nourriture saine, succulente et chaude autant que faire se peut ; dans les premiers jours on la lui donnera avec quelques ménagements, car les petits contracteraient la gale et en mourraient.

L'étable sera chaude, tenue proprement et éclairée même par le soleil s'il se peut, la lumière, la chaleur et la propreté influant considérablement sur le bien-être de toute la famille : pour empêcher la mère d'étouffer ses petits, ce qui arrive surtout si la quantité de litière est insuffisante, ou lorsqu'on surveille peu; des Anglais ont prescrit de placer provisoirement ces derniers dans un panier, ce qui a l'inconvénient de la rendre furieuse; il vaut mieux surveiller, afin d'aider au besoin, jusqu'à ce que s'y étant peu à peu habituée, elle cesse de les menacer et commence à se plaire à les allaiter; au reste, on la calme par de petits soins, afin qu'elle laisse toucher, manier et même emporter ses gorets.

Pour l'empêcher de les manger, deux à trois jours avant le part, on la nourrit plus amplement et on frotte le dos des nouveau-nés avec une éponge imbibée d'une décoction de coloquinte ou autre substance amère.

Fortifiez la femelle en gésine par une bouillie chaude d'orge cuite dans l'eau et le lait; donnez-lui ensuite les relavures et résidus de laiterie acidifiés par un peu de levain ou de pâte fermentée qui lui plaît beaucoup et est fort salutaire.

Allaitement.

A sa naissance, chaque cochonnet choisit un mamelon qu'il adopte et qui devient exclusivement son domaine, sans que jamais lui ou ses frères marquent aucune disposition à se tromper en les confondant, faits qui s'accordent peu avec la supposition de la tendance des jeunes à méconnaître leur mère et à tetter la première truie qu'ils rencontrent si elle y

consent; on peut croire en conséquence que la dif—
férence des races et des soins en apporte beaucoup
dans le développement des facultés de ces animaux.
Si un des commensaux vient à manquer, la mamelle
qu'il tettait tarit et se dessèche en peu de jours.

On nourrit amplement la truie allaitante de racines
cuites, comme navets, pommes de terre, etc. écrasées
dans le petit lait avec la farine d'orge; l'acidification
prompte de cette purée pendant les chaleurs en augmente les qualités, les cochons ayant un goût décidé
pour les substances fermentées.

On regarde les rinçures comme nuisibles à la mère
et susceptibles de faire périr les petits nouveau-nés,
ce qui n'a lieu que quand ils se gorgent d'une quantité excessive de lait; ils réussissent mieux si la truie
est nourrie de carottes bouillies, de lait acidule ou
de salade, que quand les lavures font la base de
leur régime : l'usage de la laitue accélère le sevrage
de quinze jours, ce qui économise le lait et le grain.

Mais le plus habituellement, on régale la bête
allaitante, matin et soir, d'un picotin d'orge moulue et cuite et d'une eau blanche résultant d'une
bonne poignée de son par seau d'eau tiède; au bout
de quinze jours on l'envoie aux champs si la saison
le permet : la boisson ordinaire est l'eau blanche ;
mais pour peu que le baquet soit profond, la gloutonnerie des gorets les expose à s'y noyer.

Au reste, la prudence commande de décharger
la mère le plus tôt possible d'une partie de ses jeunes,

tant pour sa conservation que pour avantager les survivants ; sept à huit lui suffisent ordinairement ; mais on varie ce nombre suivant sa capacité.

Sevrage.

A quatre semaines on commence à habituer les gorets à boire du lait, et on diminue la nourriture de la mère dont on les sépare de temps en temps, pour les déterminer plus facilement à ce nouveau régime ; quinze jours de ces précautions suffisent ordinairement pour qu'ils contractent pleinement l'habitude de s'abreuver d'eux-mêmes, ce qui permet de terminer le sevrage par leur isolement complet, auquel d'ailleurs elle les contraindrait spontanément au bout de huit à dix semaines.

En outre, à mesure que les petits prennent de la force, il est bon d'en tuer de temps en temps quelques-uns, pour soulager la mère qu'un allaitement excessif fatiguerait, tant quant à la production du lait, que relativement au froissement des mamelons par les petits, dont la puissance maxillaire augmente en proportion de l'évolution des dents.

Castration.

L'usage de châtrer les porcs mâles n'a pas toujours été aussi général qu'actuellement où on ne conserve que le nombre de verrats strictement nécessaire à la reproduction : en effet, Columelle en cite des troupeaux de cent à cent-cinquante.

La castration est le premier des moyens par les—
quels on prédispose cet animal à l'engrais ; plus il
est jeune, mieux il la supporte ; il guérit plus promptement s'il est encore à la mamelle, et en contracte
une chair plus délicate, mais prend moins de développement et ne devient pas aussi beau que si l'on
eut attendu le complément de son accroissement.

Si on ne châtre les verrats et les truies, ce qui a
ordinairement lieu vers leur sixième mois, leur chair
reste coriace, insipide, et s'ils ont servi long-temps à
la propagation, ils n'engraissent jamais bien.

Il résulte de ces faits, 1° que plus long—temps
l'animal conserve ses organes générateurs, et plus ils
influent défavorablement sur les qualités comestibles
de sa chair ;

2° Que plus tôt ces parties ont été supprimées avant
le complément de l'accroissement, et plus leur abolition influe sur l'altération des formes et le développement de la vigueur.

En certains pays, on coupe les gorets entre quatre
et six mois, par un temps doux, et aux environs de
Metz, à trois ou quatre semaines ; la grande chaleur et le froid préjudicient infiniment au succès de
cette opération et à la promptitude de la cure ; elle
réussit en toute saison, pourvu que la température
soit douce, mais surtout au printemps et en sep—
tembre.

Les femelles pleines avortent sous la castration et
peuvent en périr ; un résidu d'ovaire suffit pour leur

conserver des dispositions au coït, lesquelles, avec le temps, contrarient l'engraissement.

VIII. Aperçu des principaux organes qui concourent a l'assimilation.

Feu l'infortuné Dom Porc, traîtreusement assassiné par ses serviteurs ou leurs complices, ainsi qu'il en avait eu le funeste pressentiment, ayant été épilé, grillé, flambé et suffisamment humecté et macéré, amplement raclé, bien et dûment brossé, lavé, et reçu, en un mot, tous les apprêts d'un embaumement conforme à sa dignité, sa couenne, dont l'épaisseur était diminuée de près de moitié, prit l'aspect de la peau humaine qui est la nuance naturelle de celle de l'espèce, ainsi qu'on le voit même pendant la vie des cochons blonds très-gras, habituellement tenus proprement.

Son grand sacrificateur l'ayant établi sur un lit de parade vulgairement dit *berce*, et placé sur son séant, c'est-à-dire, les quatre pieds en dessous, sa hure apparut sur le devant du berce entre ses deux membres antérieurs où, dans mon enfance, j'y voyais la tête de Cicéron sur la tribune aux harangues; il traça au couteau sur la médiane, de l'occipital à la queue, une incision qui s'arrêtait seulement où l'épaisseur de la graisse sous-cutanée ne suffisait plus pour préserver le tranchant du contact des os; le couperet succéda alors au couteau, isolant le corps des vertèbres des parties latérales qui y prenaient leur appui, de sorte qu'arrivé a███████e, ce barbare l'ouvrit sans aucun respect pour l'█████lligence qui y résidait, prolongeant la division à travers les os jusqu'à l'extrémité de la tête qu'il partagea entièrement, en employant son instrument en levier.

Survint alors avec empressement, manches retroussées, une prêtresse, oh ! excusez, ce n'était qu'une commère qui reçut dans une assiette, (1) le cerveau, siége de l'esprit du trépassé, tandis que le charcutier achevant d'isoler des autres parties, la chaîne des os, de la tête à la queue qui y resta adhérente, la souleva par cette dernière partie, l'éleva, l'offrit aux regards du public, et la livra au propriétaire du cochon ou à son délégué, sans seulement se donner la peine de l'avertir qu'il lui présentait la colonne vertébrale, qu'ici on désigne sottement sous le nom de *chine du dos*; il est probable que les Chinois, qui sont grands mangeurs de cochons, sont loin de soupçonner que de chétives peuplades occidentales de leur continent prostituent ainsi le nom du céleste Empire.

En examinant cette colonne fendue par son axe, on vit, en suivant ce dernier, un cordon blanc de consistance médullaire qui, jadis, a été nommé *moëlle épinière*; c'est un prolongement du cerveau composé de la même substance, et servant avec lui

---

(1) J'ai cru devoir adopter le style d'autopsie; mais il est bon d'avertir les amateurs que tous les cochons sont pareils.

d'origine à tous les nerfs du corps : ces nerfs, qu'il ne faut pas confondre avec les tendons, cordages gris—perlé, employés au mouvement, et en général beaucoup plus gros que les véritables nerfs dont l'usage exclusif est de servir de conducteurs de sensibilité : ils sont très-blancs et généralement fort menus.

Le sacrificateur élargit alors la brèche en écartant les deux moitiés du cochon, que des Anatomistes ont ridiculement nommé les deux hémisphères du corps, comme si une forme alongée et très—inégale dans les dimensions de ses différents points, avait quelque ressemblance avec une demi—sphère, et comme si ce terme d'origine grecque, était bien plus intelligible à des jeunes gens sachant à peine leur langue, que celui *moitié de corps* qui est familier à tout le monde.

Ces deux parties étant absolument ouvertes, on aperçut, 1° au-dessous du crâne, les cavités nasales en partie remplies par l'ethmoïde et les cornets du nez où siège l'odorat et où commence le conduit de la respiration ;

2° Au—dessous de ces parties, était la voûte du palais qui les sépare de la bouche, où ont leur principe, les organes de la digestion ; ceux de cette région sont la langue, les dents, le palais, les gencives et le voile du palais.

L'Anatomiste hachant continuant son œuvre, on vit dans la poitrine 1° les deux poumons, qui, l'animal ayant été bien saigné, étaient de teinte rouge-clair; ils servent en mettant l'air en contact avec le sang, d'organes essentiels à la respiration ; ce fluide y arrive par un canal cartilagineux nommé trachée artère, qui longe la partie inférieure du cou et est connu des commères sous le nom de *gorgeon*; arrivé dans le poumon, qu'elles appellent *mou*, il s'y divise et subdivise en innombrables ramifications, dont les dernières échappent à l'œil nu par leur tenuité; chacune d'elles est accollée par deux vaisseaux sanguins, dont l'un est une artère et amène le sang qu'y chasse le cœur où il a son origine, et l'autre est une veine qui reconduit ce liquide au cœur, après qu'il a été aéré et oxygéné par l'air arrivant au poumon.

Entre ces deux viscères se vit un gros organe charnu conique, à plusieurs cavités; c'était le cœur, sorte de pompe foulante qui, après avoir reçu par les veines le sang de toutes les parties du corps, l'y refoule par les artères avec une très-grande puissance et une impétuosité telle, que si un de ces vaisseaux vient à être ouvert, le jet qui en résulte est lancé à huit ou dix pieds de distance et répandu en si grande quantité en peu de minutes, que pour peu que le calibre de l'artère soit fort, une mort prompte est l'effet de cette perte qu'on nomme hémorragie : ce sang est très-chaud, d'un rouge vif, s'échappe par secousses, lesquelles ont leur cause dans les contractions du cœur, qui exerce ses fonctions en se resserrant et en se dilatant par torsion,

ce qui donne lieu à des battements qui, se propageant aux artères, les gonfle alternativement par
l'afflux du sang résultant de l'effacement des cavités du cœur, et les dégonfle en poussant ce liquide
en avant, alternatives d'où résulte le pouls. Le sang
circule dans les veines sans battement, en sens inverse du sang artériel, revenant de la circonférence au centre; il est noir et moins chaud que le
précédent; il marche sans secousses par la seule
impulsion des arrières-sections de la colonne de
liquide.

La plupart des cochons étant sacrifiés jeunes, on
trouve dans la région antérieure de la poitrine, entre
les deux poumons, un troisième organe, espèce de
glande dite thymus, lequel servant seulement pendant les premiers temps du développement, disparaît à mesure que l'animal avance en âge.

La poitrine qui, quant à sa charpente, est fermée
en dessus par la colonne vertébrale, en dessous par
le sternum et latéralement par les côtes, est séparée
du ventre par une cloison charnue à la circonférence
et aponévrotique au centre; c'est le diaphragme.

Le ventre, qui est fermé en dessus par la conti-
nuation de la colonne vertébrale et le bassin, et sur
tous les autres points, au moyen de parties molles
dites diaphragme en avant, et muscles abdominaux
sur les côtés et en dessous, renferme la presque totalité des organes de la digestion, ceux de la sécrétion de l'urine et de la génération; les plus appa-

rentes de ces parties sont le canal alimentaire, qui déjà commencé dès la bouche, se prolonge par le bas du cou en suivant la trachée artère qu'il abandonne à son entrée dans les poumons, au-dessus desquels il se continue en côtoyant les vertèbres jusqu'au diaphragme qu'il traverse pour se dilater immédiatement en un vaste réservoir nommé estomac, après lequel se rétrécissant de nouveau, il se prolonge en se dilatant, en se resserrant et en faisant de nombreux contours sur lui-même jusqu'à l'anus, où il a son embouchure au dehors ; ce canal reçoit divers noms suivant ses régions : ainsi, de l'estomac jusqu'à un petit cul-de-sac nommé cœcum, on le dit intestin grêle, en raison du moindre diamètre comparativement aux points plus avancés du canal ; à compter du cœcum jusqu'à un pied du fondement, il est désigné sous le nom de colon, et sa dernière section aboutissant à l'anus est le rectum.

Autour de ce canal et dans la cavité du ventre, existent divers autres organes dont trois plus remarquables : le principal est le foie, près duquel sont la rate (*misse* des commères) et le pancreas ; le premier est accollé et suspendu au diaphragme par plusieurs ligaments ; c'est le point de réunion de toutes les veines revenant des intestins, (tripes ou boyaux pour le vulgaire) lesquelles charrient un sang amplement pourvu de particules nourricières destinées à être assimilées ; toutes ces veines qui, avant d'entrer au foie se réunissent en un seul tronc, se subdivisent immédiatement après dans sa substance, et le sang de celles qui s'y perdent subit une séparation de principes salins, résineux, huileux, etc., dont la réunion immédiate par affinité, donne lieu à la formation de la bile, liquide épais, verdâtre, excessivement amer, lequel se rassemble dans la vessicule du fiel, d'où il est ensuite transmis à l'intestin par un canal particulier : le résidu du sang venu au foie, lequel en forme la plus grande partie, est bientôt rassemblé en vaisseaux veineux pour être conduit au cœur et réuni à la circulation générale.

Au grand contour de l'estomac dont la forme est celle d'un cône recourbé sur lui-même, est fixée la rate, autre viscère (1) brun-rougeâtre, coriace, très-fibreux, dont l'usage quoique peu connu, paraît néanmoins servir pendant les intermittences de la digestion gastrique, de lieu de dépôt au sang destiné à l'estomac, afin de prévenir les embarras de circulation, conséquences possibles de la différence de facilité d'afflux de ce liquide au viscère, pendant sa vacuité et sa plénitude.

Le pancreas est une glande semblable aux salivaires, qui paraît produire en très-grande abondance un liquide analogue, lequel se rend à l'intestin grêle peu après son commencement à l'estomac, en se joignant au canal du foie qui verse la bile au même point.

Les autres viscères contenus dans l'abdomen (2)

---

(1) Synonyme d'entraille.
(2) Equivalent à ventre.

et par leur action étrangers à la digestion, sont les organes urinaires et génitaux; les premiers sont composés 1° des reins, vulgairement dits les *roignons*, corps ovalaires un peu alongés, courbés sur eux-mêmes, attachés en nombre pair aux deux côtés de la face inférieure de la colonne vertébrale, et principalement suspendus par leurs vaisseaux propres et leurs canaux afférents qu'on nomme urétères; une très-grande quantité de sang artériel est chassée aux reins, où ce liquide est séparé d'une forte proportion de sérosité saline qui constitue ensuite l'urine, laquelle coule continuellement par les urétères, des reins dans la vessie, grand réservoir où ce liquide s'accumule jusqu'à ce que la surcharge et l'irritation résultant de sa présence déterminent la contraction de cette cavité, d'où résulte l'envie d'uriner, bientôt suivie de l'éjection par le canal de l'urètre, de ce liquide lequel par les sels dont il est saturé et qu'il entraîne, peut être considéré comme la lessive de l'organisation animale.

Outre les organes génitaux extérieurs, il en existe d'intérieurs desquels, dans le mâle, la connaissance, outre ce qui en a été dit ailleurs, importe peu à notre objet; dans la femelle, ce sont le vagin, la matrice et les ovaires; ces dernières parties sont comparables, pour l'usage aux testicules du mâle, leur suppression emportant la perte des mêmes facultés.

Autour du canal alimentaire, sur des points éloignés du ventre, existent des glandes salivaires assemblées principalement autour de la bouche et de la gorge, où elles versent le liquide qu'elles séparent du sang pour en constituer un des agents essentiels de la digestion, fonction consistant dans la fusion des matières alimentaires dans les liquides animaux à l'impression desquels elles sont soumises pendant leur trajet à travers le canal qui commence à la bouche et finit à l'anus.

Outre les glandes salivaires, le foie et le pancreas, ces liquides sont fournis par la membrane muqueuse qui en tapisse toute la face interne où elle se réfléchit en y pénétrant de la peau dont elle est une émanation, et qui, entrant à la fois par la bouche et par l'anus, se prolonge jusqu'au centre de l'estomac où la démarcation de ces deux sections de peau est très-visible : dans toute son étendue, cette membrane est douée de la faculté de sécréter un liquide généralement considéré comme le principal dissolvant des aliments et dénommé diversement selon les points d'où il s'échappe. Ainsi, il est dit successivement *buccal, œsophagien, gastrique, intestinal*; il a pour auxiliaires la salive, la bile et le suc pancreatique ; ces deux derniers agissant sur les aliments seulement après leur trajet dans l'estomac on peut les croire doués d'une faculté dissolvante supérieure à celle des sucs salivaires, œsophagien et gastrique, puisqu'ils attaquent avec succès les matières qui leur ont été réfractaires.

En Anatomie, le terme *membrane* exprime des

parties animales conformées en toiles ; les unes sont muqueuses, les autres séreuses et les dernières fibreuses ; la peau par laquelle est revêtue la totalité des corps est une membrane muqueuse, mot qui exprime la faculté qu'ont ces organes de produire des liquides visqueux susceptibles de s'épaissir par évaporation ou par absorption de leur élément le plus aqueux, ainsi que l'humeur nasale nous en offre l'exemple journalier.

Toutes les membranes muqueuses communiquent avec le dehors et sont en conséquence exposées immédiatement à l'action directe des corps extérieurs, du contact desquels les mucosités qu'elles produisent les défendent en en amortissant l'effet, ce à quoi aide l'épiderme, lame ou toile insensible superposée à la deuxième couche de la peau ou derme ; pendant le calme de l'organisme ces liquides sont très-tenus, ainsi que le prouve la transpiration, que dans les cas ordinaires on aperçoit seulement en y mettant de l'attention ; les sucs du canal alimentaire n'étant point exposés à l'action de l'air ambiant sont beaucoup plus visibles.

Mais ce conduit n'est point la seule émanation de la peau, car elle se réfléchit dans l'intérieur du corps par toutes les ouvertures naturelles et en conséquence, 1° par les narines pour tapisser les cavités nasales, où elle devient le siége de l'odorat ; elle se prolonge ensuite dans la trachée artère dont elle tapisse toutes les divisions dites *bronches* jusqu'à leurs extrémités les plus déliées, devenant ainsi, comme membrane trachéale et bronchique, auxiliaire importante des organes de la respiration ; à son passage dans l'arrière-bouche, elle pousse deux prolongements en forme de canaux, qui aboutissent à l'organe de l'ouïe et l'ouvrent à l'audition des bruits internes du corps.

2° A l'œil, la muqueuse garnit le dedans des paupières, passe devant l'organe sans pénétrer ailleurs qu'au canal lacrymal ; sur l'œil, elle est d'une parfaite transparence et constitue la conjonctive ; 3° à l'oreille, elle ne se prolonge que jusqu'au tympan, après avoir tapissé le canal auditif externe, où elle sécrète une humeur onctueuse et jaunâtre dite *cerumen*.

4° Aux organes de la génération elle pénètre, d'une part, à travers l'urètre jusque dans la vessie, d'où elle se prolonge aux bassinets des reins par les urétères ; d'autre part, elle longe les canaux spermatiques jusqu'aux vessicules séminales, aux testicules et aux ovaires, après avoir en grande partie constitué le canal dit vagin et le réservoir nommé matrice, où restent déposés et se développent pendant la gestation, les résultats de la fécondation.

Les membranes séreuses ne communiquent en aucun point directement avec l'extérieur : elles tapissent des cavités fermées de toutes parts, et la plupart, au moins les grandes, parfaitement isolées les unes des autres, isolement auquel concourent essentiellement les membranes séreuses, qui portent ce nom en raison de leur faculté d'exhaler continuellement un liquide très-subtil, qui étant condensé par son accumulation et d'autres causes devient ce qu'on nomme sérosité : partout où ces membranes sont mises en contact avec l'air extérieur, surviennent des accidents d'une gravité proportionnée à l'étendue de la cavité et à l'importance des viscères contenus.

La dénomination de ces membranes varie suivant les régions qu'elles occupent : ainsi, dans l'intérieur du crâne où elles habillent en quelque sorte le cerveau et sont doubles, la lame externe est dite pie-mère et l'interne arachnoïde ; cette dernière suit tous les plis et sinuosités du viscère.

Sous le nom de plèvre, elles tapissent l'intérieur de la poitrine, et se réfléchissent de la colonne vertébrale dans le centre de cette cavité, pour la diviser en deux cases inégales dans chacune desquelles est logé un poumon, auquel elles servent en quelque sorte de suspensoir et de vêtement, et entre lesquelles s'en trouve une troisième moins grande où habite le cœur : les dénominations de cette membrane séreuse de la poitrine varient suivant les points qu'elle tapisse ; ainsi aux côtes, elle est plèvre costale ; au diaphragme, diaphragmatique ; à la cloison qui divise la poitrine, médiastin ; au poumon, plèvre pulmonaire ; elle revêt également la surface du cœur et l'intérieur de sa loge.

Au dedans du ventre, la membrane séreuse est appelée péritoine, aux points où elle double la face interne de ses parois : se réfléchissant de la colonne vers le centre de cette cavité, elle joint les divers viscères dont elle suit tous les replis et auxquels elle sert à la fois d'enveloppe extérieure et de suspensoir par des divisions dites ligaments, etc., gagne l'estomac et les intestins, dont elle suit tous les contours, en formant le mésentère, grande lame double qui suspend le canal intestinal en en marquant et en en fixant les divisions : dans la duplicature de cette fraction des séreuses, marchent les vaisseaux servant à la circulation intestinale; un large segment se prolongeant beaucoup au-delà de l'estomac du cochon flotte au devant des intestins sous le nom d'épiploon, (c'est la toilette pour nos commères) et a en partie les mêmes usages que la rate; les reins, les urétères, la vessie restent en dehors de la cavité formée par le péritoine.

Il existe des membranes séreuses sur bien d'autres points du corps, mais elles n'y forment que de petites cavités, dont les principales sont celles de l'intérieur des articulations mobiles, où elles constituent les capsules synoviales, ainsi nommées d'un liquide huileux qui y est sécrété par la séreuse pour faciliter les mouvements et en amortir les réactions.

C'est également une membrane séreuse qui constitue les lames du tissu cellulaire, réseau par lequel sont unies toutes les parties du corps comme les pierres d'un mur sont soudées par le mortier, il en consolide la cohésion sans en gêner les mouvements; les plus apparentes de ces parties, après les os, sont les muscles qui servent à les mouvoir et constituent cette chair rouge appelée *viande* par le vulgaire.

La sécrétion de la graisse est un des attributs des membranes séreuses : aussi cette matière est-elle principalement déposée dans les tissus cellulaires sous-cutané, intermusculaire et péritonéal.

Les membranes fibreuses, ainsi nommées de la solidité et de l'apparence de leur texture, sont en petit nombre à l'intérieur, étant principalement employées à revêtir les os, à consolider les assemblages musculaires, à fortifier ces organes et à en assurer les mouvements : quant aux premières, dans le crâne, nous trouvons la dure mère qui, extérieure à la séreuse, sert de première enveloppe au cerveau dont elle est en quelque sorte le surtout : à la poitrine, nous rencontrons, entre les deux lames du médiastin, le péricarde qui constitue les parois de l'habitation du cœur; elles forment également le centre du diaphragme et la plus grande partie des parois abdominales; les autres membranes fibreuses ne concourent pas aussi directement à l'assimilation.

Mode d'exercice de la puissance assimilatrice dans tous les quadrupèdes.

Elle agit sur tous les corps qui environnent l'être vivant lequel, dès l'instant où l'ÉTINCELLE DIVINE alluma

le flambeau de la vie dans son germe, a été doué
PAR ELLE de la faculté de se les approprier d'abord
par une sorte d'attraction involontaire dite absorption; et beaucoup plus tard, quand par son développement il a acquis les organes nécessaires, il s'en
empare au moyen d'une préhension raisonnée.

Les matières sur lesquelles s'exerce le plus visible-
ment cette faculté, sont l'air et les aliments.

A l'instant où le fœtus est expulsé de l'antre uté-
rin, il est frappé de la température de l'air ambiant,
relativement très-basse à celle du milieu où il avait
résidé jusqu'alors, et de celle du contact des corps
durs et inégaux sur lesquels il est forcé de reposer,
comparativement avec le moëlleux des parois de
l'appartement qu'il habitait : de ces différences résulte une impression irritante sur son corps, bientôt
suivie d'un mouvement convulsif général qui amène
la contraction des muscles de la poitrine, lesquels,
en en soulevant et en en dilatant les parois, ouvrent
un facile accès à la colonne d'air qui tend à se précipiter dans le poumon, lequel, immédiatement
érigé par l'irritation, effet du contact de ce fluide
sur la surface interne des bronches, achève de dé-
ployer ces dernières ainsi que les vaisseaux qui y sont
accollés ; telle est la manière dont a lieu la première
inspiration ou attraction de l'air, fluide immédiatement expulsé par une deuxième convulsion d'effet
inverse à la première et comparable à l'éternuement;
c'est la première expiration, mouvement par lequel,
tôt ou tard, cessera la vie.

Pour la première fois, le sang du jeune sujet mis en contact avec l'air atmosphérique cesse d'être en commun avec celui de la mère, commence à circuler directement chez lui exclusivement ; la respiration se régularise, et avec elle les phénomènes de l'oxygénation du sang ; alors l'individu est complétement né, puisque sa vie animale est en activité.

Comme avant cet instant, le fœtus ne respirant point, l'air ne pénétrait pas dans le poumon, dont en conséquence les vaisseaux n'étaient point déployés, la substance de ce viscère affaissée sur elle-même, était compacte et plus pesante que l'eau, au fond de laquelle elle se précipitait au lieu de surnager, ainsi que cela se voit dès que, par la mise en action de la respiration, les vaisseaux ont été déployés sous l'afflux de l'air qui, même pendant l'expiration, n'en est jamais complètement expulsé ; de là, un des moyens de distinguer le fœtus mort-né du sujet qui a vécu.

La respiration ainsi établie continue pendant toute la vie, sauf quelques interruptions accidentelles de très-courte durée ; l'air, qui est un composé de trois gaz, l'oxygène (1), l'azote et une faible proportion d'acide carbonique, mis en contact avec le sang, perd, dans le cochon comme dans l'homme, une partie de son oxygène qui est attiré par le

---

(1) Ou air vital ; conséquemment l'oxygénation du sang est la combinaison de ce liquide à l'oxygène.

sang à travers l'épaisseur des parois déliées des canaux où il circule; chez les herbivores et surtout dans
les solipèdes et chez les ruminants, une proportion
d'azote est également attirée dans le sang, car d'où
viendrait, si ce n'est de l'air atmosphérique, l'azote
qui compose en grande partie leurs tissus et leurs
humeurs, puisqu'il n'existe point dans le plus grand
nombre des végétaux dont ils subsistent, détail à la
vérité étranger à mon sujet, mais auquel je m'arrête
pour faire comprendre que ce n'est ni par irréflexion
ni par oubli que, contrairement à l'opinion générale
des chimistes et des physiologistes, je mets l'azote
au nombre des gaz attirés et combinés au sang dans
certaines espèces pendant l'acte de la respiration auquel, pour le moment, je ne puis m'arrêter davantage avant d'avoir traité de l'attraction des aliments
par les organes de la digestion.

Soit que ces matières se trouvent à la portée de
l'être vivant, soit qu'en étant éloigné, il eu ait été
attiré par l'impression qu'exercent sur ses organes
leurs qualités sensibles et principalement l'odeur (1),
il s'en saisit avec les lèvres, les coupe sous ses dents
incisives, les introduit dans sa bouche et les y agite

---

(1) Un chevreau nouveau-né ayant été déposé dans le labo-
ratoire du célèbre Galien, on le vit après faire divers essais, se
lever, se porter en chancelant de pot en pot jusqu'à un vase qui
contenait du lait et auquel il n'arriva qu'après en avoir visité
nombre d'autres, ce qui lui coûta plusieurs heures: le lait découvert, il ne tarda point à le humer de tous ses efforts.

par les mouvements combinés des lèvres, de la langue et des joues, les broie sous ses dents molaires, actions réunies qui constituent la mastication pendant laquelle ils sont imprégnés d'une quantité suffisante de salive qui, alors, est versée en très-forte proportion dans la bouche, où elle sert à empâter les aliments à mesure qu'ils sont divisés; après quoi ils sont rassemblés par l'action des joues, de la langue et du palais, en une sorte de boule dite *bol alimentaire*, que les mouvements de la base de la langue dirigent sous le voile du palais, pour de l'arrière-bouche être poussés dans le pharynx, espèce d'entonnoir, principe de l'œsophage, canal qui établit communication de la bouche avec l'estomac et par où voyage le bol alimentaire sous la compression progressive résultant des contractions successives du canal.

Pendant ce trajet la digestion, c'est-à-dire, la fusion des aliments dans les sucs animaux, qui a commencé dès la bouche, continue par l'afflux du suc œsophagien, ainsi qu'il est prouvé par l'état des matières trouvées dans les reptiles qui, avalant plus gros qu'eux-mêmes, sont quelquefois contraints de rester embarrassés pendant plusieurs jours, du cadavre qu'ils ont entrepris d'avaler, lequel ne peut être complètement dégluti avant la chute de sa tête que son volume souvent augmenté de cornes de grandeur variée retient hors de la gueule, ce qui permet pendant ce temps d'approcher sans danger et de tuer ces reptiles quels monstrueux ils soient ; on voit alors toute la partie de la victime qui était arrêtée dans l'œsophage, déjà profondément entamée par le suc local, celle restée dans la gueule moins fortement corrodée, et celle introduite dans l'estomac presque complètement dissoute.

Les aliments séjournent dans ce viscère jusqu'à fusion plus ou moins complète dans le suc gastrique et n'en sortent que liquéfiés pour pénétrer dans l'intestin, à l'entrée duquel ils reçoivent les sucs pancreatique et biliaire qui y sont versés sur ce point ; continuant leur trajet à la faveur du mouvement péristaltique, contraction successive et vermiculaire du canal, la proportion des liquides animaux auxquels ils sont incorporés et combinés est accrue progressivement par les sucs intestinaux ; arrivés au cœcum, ils y sont quelque temps retenus, l'issue fort étroite permettant la sortie seulement aux substances complètement liquéfiées ; de ce réservoir, pénètrent dans les gros intestins où leur marche est ralentie non seulement comme dans la portion intestinale précédente, par les contours multipliés du canal, mais aussi au moyen de fréquents resserrements en forme d'écluses dites valvules conniventes, qui, par ce retard, contraignent à une plus longue exposition à l'action dissolvante des sucs digestifs les matières alimentaires et favorisent ainsi une absorption plus complète de la portion digérée, laquelle constitue alors un liquide laiteux nommé *chyme*, qui, à mesure de leur trajet dans le conduit, est pompé par la succion qu'eu effectuent de petites embouchures aspirantes qui s'ouvrent à la face interne des intestins, où elles commencent l'absorption, et se prolongent en canaux longs, déliés et semi - transparents entre les lames du mésentère jusque près de la colonne vertébrale en convergeant les uns vers les autres et en se réunissant pour y diriger le suc alimentaire absorbé, qui, alors, devient chyle, et subit une série d'élaborations peu connues dans des glandes dites mésentériques, que les vaisseaux chylifères doivent traverser avant de se réunir en un seul tronc nommé canal lymphatique, lequel longeant les vertèbres jusqu'en avant de la poitrine, y verse le chyle dans une veine où il est peu à peu incorporé au sang, transmis immédiatement au cœur par les battements duquel il est mêlé plus intimement encore pour être de ce point, poussé au poumon avec le sang veineux, y être mis en contact avec l'air atmosphérique, y puiser par l'attraction des principes de l'air les moyens d'oxygénation et de calorification (1) résultant des combinaisons qui ont lieu alors, et pendant lesquelles le sang abandonne au fluide expiré, une portion de son carbone, de son azote et de son hydrogène surabondants qui y deviennent apercevables par l'eau, l'huile, l'ammoniaque, etc. qu'il dépose sur les condensateurs au contact desquels on le soumet;

----

(1) Action de produire de la chaleur.

ces mutations ont non seulement lieu dans le poumon, mais aussi sur tous les points où le sang peut être mis en contact avec l'air, comme les cavités nasales et la peau.

Pendant ce temps, les résidus insolubles des aliments augmentés des mucosités excrétées par la membrane intestinale et repoussés de la composition du chyme, teints par la matière colorante de la bile, sont rassemblés peu à peu, condensés à mesure de leur trajet dans le canal alimentaire, conséquemment à l'absorption toujours croissante de leurs particules les plus liquides, et finissent par s'agglomérer en masses molles qui acquièrent dans certains cas beaucoup de consistance; ce sont les excréments qui, étant complètement épuisés de principes nutritifs, sont bientôt expulsés par l'anus.

Les véritables sources du sang sont donc dans les aliments, qui ne peuvent parvenir à cet état sans avoir été 1° dissous dans une forte proportion de sucs déjà animalisés; 2° absorbés par les vaisseaux lymphatiques où la dissolution continue à être élaborée ainsi que dans les glandes correspondantes; 3° incorporés peu à peu au sang veineux, battus au cœur, au poumon et dans les artères, et mis en contact avec l'air atmosphérique, ce qui complète la transformation.

Du cœur, le sang est refoulé impétueusement dans l'universalité du corps par le système artériel, où une portion est ajoutée aux anciennes parties qui exercent sur elles une sorte d'attraction d'élection que Darwin a qualifiée d'*appétit animal*; alors l'assimilation est complète.

Le reste du sang est dirigé 1° vers les organes sécrétoires; 2° en partie vers le cerveau et les nerfs.

On entend par sécrétion l'action par laquelle certains organes séparent du sang diverses humeurs qui se forment dans ces parties mêmes par des combinaisons encore peu connues ; parmi ces liquides sécrétés, plusieurs sont destinés à être de nouveau rappelés dans l'intérieur du corps pour y concourir à certaines fonctions; tels sont principalement ceux que j'ai nommés en traitant de la digestion ; l'humeur sécrétée par les organes de la respiration rentre pareillement en partie dans l'organisme, consécutivement au mélange de sa portion la plus tenue réduite à l'état de vapeur au moyen de la chaleur des cavités et mêlée à l'air atmosphérique dont elle commence l'animalisation; ce changement a lieu dès les cavités nasales et les sinus adjacents, cavités dans lesquelles cet air est retenu pendant un certain temps pour y prolonger ce contact et y assurer la dissolution de certains principes ; aussi chez les grands animaux, ces cavités sont-elles considérées comme une annexe importante des organes de la respiration, en étendant le foyer de l'oxygénation du sang.

La transpiration est la sécrétion par la peau d'une humeur qui sert à en entretenir la souplesse, mais est au moins, en apparence, en grande partie expulsée ; il en est de même de l'urine, liquide sécrété par les reins, quoique sa densité et sa coloration intense quand elle a séjourné dans la vessie, dénotent qu'elle y a subi résorption de sa partie la plus aqueuse qui, ainsi, a été rappelée dans l'organisme.

Une espèce de transpiration a également lieu par les membranes séreuses qui tapissent les grandes et petites cavités du corps ; la matière sécrétée y étant retenue à l'état fluide par la clôture exacte de toutes ces cavités, il doit s'y former des combinaisons étendues qui concourent sans doute à l'animalisation.

Le cerveau et les nerfs qu'on peut tout au moins regarder comme des conducteurs de sensibilité, ont été également réputés organes sécrétoires, *sans doute de l'esprit !* à en juger par le petit volume de celui du cochon, on voit qu'il ne doit pas éprouver de grandes déperditions sous ce rapport ; la considération de la sécrétion du liquide élémentaire destiné à la reproduction, qui a lieu dans les organes de la génération ne serait ici d'aucune utilité.

Quant à l'expulsion des résidus de l'assimilation, outre les vaisseaux absorbants qui les retirent de toutes les parties du corps, la peau, les reins et la muqueuse pulmonaire exercent une action supplémentairement réciproque ; ainsi, la température est-elle diminuée par un abaissement subit, la sécrétion de l'urine et celle des mucus bronchique et nasal augmentent en proportion, et on urine, on crache et on se mouche plus fréquemment et plus abondamment ; la sécrétion de l'urine est-elle suspendue? la transpiration y supplée quelquefois au point de prendre , dans certains cas, une odeur urineuse ! Tant que l'une des excrétions peut suppléer aux autres, il y a peu de danger pour l'animal ; il n'en est plus de même si toutes sont supprimées à la fois, ou même seulement la transpiration en même temps que l'action des reins.

Tels sont les agents de la puissance assimilatrice qui n'est qu'un des moyens par lesquels l'IMPÉNÉTRABLE RÉGULATEUR DES MONDES a assuré la conservation des êtres vivants ; sa SUPRÊME ET INCOMMENSURABLE PRÉVOYANCE est révélée d'une manière également merveilleuse par la faculté répulsive, c'est-à-dire, par cette disposition des organes au moyen de laquelle tout ce qui peut nuire est immédiatement repoussé, souvent sans que l'individu lui-même y fasse attention.

Ainsi, qu'une substance irritante comme le feu , par exemple, vienne toucher un ou plusieurs points de la surface du corps? outre la tendance très-brusque à s'en éloigner qui saisit alors l'être vivant, la peau est immédiatement soulevée à la partie touchée, par une sérosité abondante qui écarte cet épiderme brûlé, du derme ou deuxième peau, qui est la seule sensible et prévient, par son interposition, le contact cuisant de cette membrane pénétrée de calorique qui eut considérablement augmenté et prolongé la douleur ; une poche remplie de sérosité se forme en quelques heures sous un vessicatoire qu'elle écarte ainsi des papilles nerveuses et des pores absorbants du derme à travers lesquels la matière qui les constitue pourrait, quand les cantharides ou le meloë en forment la base, produire une irritation dangereuse dans les organes urinaires : les effets pernicieux de nombre de poisons appliqués localement sont empêchés à peu près de la même manière.

Qu'un homme soit exposé pendant plusieurs heures à une température très-élevée, comme les forgerons, les verriers, etc. ? une sueur abondante qui se répand sur la peau y amortit les effets de la chaleur et produit même, par la rapidité de sa dissolution dans l'air ambiant, un sentiment de fraîcheur par le calorique qu'elle enlève à la peau pour se dissoudre ! Que des corpuscules irritants répandus dans l'air viennent s'arrêter à la surface de l'œil ou dans les narines ? aussitôt, dans le premier cas, un clignottement fréquent et une abondance de larmes expulsent ou entraînent ces corpuscules et délivrent l'animal de la douleur qu'ils occasionnaient ! et dans le second, le même résultat est obtenu par un éternuement violent et réitéré en proportion de la force irritante de ces corps, qu'une abondance de muscosités produite par leur contact aide à rejeter !

La fumée ou toute autre vapeur irritante qui a pénétré dans la trachée artère est immédiatement repoussée et expulsée par une toux fréquente qui se manifeste à l'instant et continue jusqu'à leur éloignement : Si des corps très-âcres ont pénétré dans l'estomac, soudain le mouvement péristaltique est renversé, une grande abondance de suc gastrique délaie le corps étranger, dont des vomissements précipités débarrassent souvent avec promptitude le sujet omnivore, quand la puissance de cet irritant n'est point supérieure à celle de la nature.

La substance âcre a-t-elle pénétré jusqu'aux intestins ? s'y trouve-t-elle en une forte proportion ? En peu d'heures le canal est inondé ; la matière submergée dans le suc intestinal est poussée au dehors avec plus ou moins de rapidité par l'accélération du mouvement péristaltique.

Je pourrais citer une multitude d'autres faits prouvant la force conservatrice ; mais je crois ceux-ci suffisants même aux plus opiniâtres partisans du hasard, des rencontres fortuites, etc., à moins qu'ils ne soient de la plus épaisse stupidité, cas dans lequel ce travail ne leur est point destiné, car je guéris les bêtes, mais je ne leur parle point !

2° *Puissance assimilatrice, considérée particulièrement dans le cochon.*

Elle est énorme, ainsi que déjà des preuves en ont été données, et sans celles que je détaillerai article *régime*, où on verra que des végétaux sont consommés par lui à un poids journalier presqu'équivalent au sien, et fournissant de ⅗ de kilogramme à un kilogramme d'augmentation de matière animalisée en vingt-quatre heures, ainsi qu'il a été observé par Chabert sur des Javans, par Wiborg en Danemarck, et par des Economistes de l'état de Modène, où des porcs parviennent au poids de 5 à 6 quintaux avant leur neuvième mois.

L'énorme activité de la puissance dont nous traitons, doit consommer une proportion relative de fluide vital, ce qui ne peut avoir lieu qu'au détriment des autres fonctions, d'où une des causes de la stupidité de la bête, de sa brutalité, de l'état de semi-torpeur où elle est habituellement plongée, de la violence de ses incartades quand on l'approche et qu'on vient interrompre ce semi-anéantissement habituel, cette béatifique nullité monacale si enviée par un grand nombre d'habitants des deux péninsules de l'Europe méridionale, et si pathétiquement exprimée en Italien par ces termes : « *Il beato, il felicissimo far nulla!* »

Telle est la situation ordinaire des plus gros porcs et où leur intelligence est retenue et en quelque sorte submergée, état dans lequel l'homme même le plus sage, vivant sous l'empire de la crainte, n'est pas toujours maître de ses actions !

C'est sans doute à l'énorme consommation de calorique par cette puissance assimilatrice qui la concentre en grande partie sur les organes de la digestion et de la nutrition, qu'est dû ce caractère fri-

leux si remarquable dans la bête dont nous traitons.

Sa voracité à engloutir ses aliments, doit en empêcher la mastication ou tout au moins la laisser im-
parfaite, et peut donner ainsi une nouvelle preuve
de ses facultés animalisantes, puisque dans d'autres
espèces, une division aussi incomplète et une ingestion aussi précipitée dérangeraient infailliblement les
organes digestifs.

Les animaux qui, comme nombre de rongeurs,
l'ours blanc et le cochon, mangent de la viande
dans l'état le plus avancé de putréfaction, démontrent à la fois le peu de susceptibilité de leurs membranes pulmonaires et gastriques, et une moindre
nécessité, dans leur respiration, d'un air dégagé de
tous miasmes asphyxants et fébrigènes ; ce défaut de
susceptibilité dans les cochons, contraste étrange-
ment avec leur excessive sensibilité aux coups, au
froid, et à nombre d'autres agents à effets moins pro-
noncés, ce qui semblerait dénoter que leur muqueuse
gastrique serait moins irritable que leur peau, supposition peu surprenante pour qui se rappellera que
le cuisinier d'Alfort nous enseigna à avaler, sans nous
brûler, une cuillerée de bouillon prise au centre de la
grande marmite et au plus fort de l'ébullition ; nombre d'autres faits plus généralement connus viennent
à l'appui de ces notions.

IX. Développement.

Les gorets naissent avec des soies fines, simples, diversement colorées de celles d'un âge plus avancé; on connaît également la différence des marcassius d'avec les adultes.

La férocité des verrats est un grand inconvénient; celui de Goin étranglait des vaches; on était souvent obligé de lui scier les défenses : l'emploi de trop jeunes mâles, rendu nécessaire pour cette cause, préjudicie au développement et à la force des produits : aussi, dans le pays Messin, ne voit-on guères de cochons gras atteindre à quatre quintaux, les termes moyens étant de cent-cinquante à deux cent vingt livres pour les mâles, et de deux à quatre cents pour les vieilles truies.

Elles deviennent vicieuses et même dangereuses vers leur quatrième année.

Dans le nord de l'Allemagne, la Normandie, l'Angleterre et le Danemarck, les circonstances semblent plus favorables à leur développement, puisqu'on y voit des individus atteindre jusqu'au poids de 2,000 livres sous l'influence de soins particuliers; ceux de 6 à 700 livres ne sont pas rares dans l'Europe méridionale et aux Açores; c'est le contraire quant à l'Amérique et à la Chine.

Les cochons de nos contrées croissent jusques vers six à sept ans; mais en France et en Italie, une année à dix-huit mois constituent la durée ordinaire de leur existence, et dans beaucoup de cas on leur permet à peine de dépasser la moitié de ce terme : il paraît que les anciens les conservaient plus long-temps.

Les truies portières et les verrats, que d'ailleurs on ne laisse jamais beaucoup vieillir, font seuls exception à l'usage précédemment indiqué ; aussi les épiphyses ont à peine le temps de se souder, et l'ossification qui, d'ailleurs, est fort lente dans cette espèce, est loin d'être perfectionnée ; ce retard devient une des causes de ce développement énorme auquel ont atteint certains sujets, tels que les sangliers de Némée et de Calydon, les cochons qu'on a montrés de loin en loin en Angleterre et à Paris, et notamment celui qui vivait vers 1802, et qui provenait de la campagne S^t.-André, département de l'Eure, lequel parvint à un poids voisin de treize quintaux.

Le volume auquel atteignent assez communément les sangliers de la Moselle semble indiquer que la liberté concourt essentiellement à favoriser la plénitude de ce développement; une des causes principales de la promptitude de l'usure des cochons domestiques est bien évidemment l'abus de leur précocité avant leur parfait accroissement, et souvent même avant leur neuvième mois, époque à laquelle, dans l'état de nature, leur faiblesse relativement aux mâles formés, les en écarterait certainement jusqu'à ce qu'ils fussent en état de les combattre avec succès.

Puisque les verrats et les truies portières vieillissent plus promptement que les neutres, on voit que
dans cette espèce la longévité et la vitalité sont as-
sujetties aux mêmes conditions que dans les autres
animaux, sans que leur voracité, leur grande consommation et le long repos dont ils ont l'habitude
puissent compenser les fatigues de la génération.

Comme c'est le plus communément dans les pays
chauds qu'ils sont disposés à prendre un volume
monstrueux, on voit une nouvelle preuve de l'influence du climat sur leur constitution ; les autres
faits du même genre particuliers à quelques points
de l'Europe centrale, semblent indiquer une ani-
malité rabougrie, mais toujours prête à ressaisir des
avantages perdus sous l'oppression.

Si réellement le mammouth n'est qu'un sanglier
de quinze pieds de haut, la tendance de certains cochons à prendre un développement extraordinaire
sera une mammoutisation.

Ces particularités démontrent que l'accroissement
de la bête dont nous traitons a des limites moins fixes
que celui des autres espèces.

Le développement continuel des sangliers, truies
et cochons qu'on a laissés vivre long-temps, le volume énorme auquel sont parvenus quelques-uns
d'entr'eux, me font croire que la durée de leur vie
est également mal connue ; l'usage des femelles, les
circonstances du rut, de la gestation, du part et de

l'allaitement, les inquiétudes où leur expérience les entretient relativement aux causes qui peuvent leur nuire et dont ils acquièrent progressivement une connaissance plus étendue, concourent à les tenir continuellement alertes.

X. Tempéraments.

Généralités.

La conservation de tendances à l'acte vénérien lors de persistance de quelques points des organes sexuels après la castration; celle d'une partie des formes et du caractère masculin dans le même cas, indiquent péremptoirement la puissance de ces éléments de génération sur la totalité du système; celle qu'exerce cette fonction pendant et après son action ne sont pas moins connues; il doit en être de même de chacun des appareils d'organes, et le cochon pourrait être donné comme exemple de la puissance assimilatrice sur le reste de l'organisme (1) vivant; l'état et les dispositions physiques de la plupart des artistes distingués et des personnes continuellement absorbées dans de grands travaux d'esprit, en sera un autre absolument inverse quant à l'influence du système cérébral.

Le teint jaunâtre et huileux des individus affec-

____

(1) Equivalant à assemblage régulier de toutes les parties du corps, et synonyme de système, avec la différence qu'organisme embrasse toujours la totalité de l'être vivant considéré.

tés du foie; l'apparence semi-œdémateuse (1) des formes d'un grand nombre d'entr'eux, la nuance ordinairement foncée de leurs yeux et de leurs cheveux, leur mélancolie habituelle, leur détermination aux dispositions les plus étranges, sont des preuves de l'influence du système hépatique (2).

On peut déduire de ces faits et d'autres à y joindre, que la puissance des organes et des appareils domine par des influences relatives à chacun d'eux, lesquelles combinées, modifiées ou combattues les unes par les autres, donnent, quant à la constitution, les résultats les plus variés; que ces causes et ces résultats doivent être pris en considération majeure dans l'examen de celle des caractères et des signes des tempéraments.

Les médecins les plus anciens, frappés de ces vérités, avaient considéré et classé les tempéraments d'après la prédominance des humeurs, et reconnu, en conséquence, des constitutions bilieuses, sanguines, lymphatiques, humorales, sèches, chaudes, froides, etc., et les avaient caractérisées par des signes extérieurs. En les subordonnant à la prédominance des systèmes et en admettant diverses combinaisons individuelles de ces prédominances, les modernes avaient laissé moins de vague dans le sujet et établi des signes plus distincts, plus aisés à

---

(1) Enflure pâteuse qui retient l'impression du doigt.
(2) Ensemble de tout ce qui concourt à l'action du foie.

saisir pour les reconnaître ; mais la conformation du cochon, le peu de temps qu'on le laisse vivre , ôtent les moyens de lui faire l'application de ces notions.

D'après ce que je viens d'exposer sur l'influence de certains appareils à fonctions et de quelques organes en particulier, je pense qu'on peut encore davantage préciser l'objet ; et pour plus de clarté , je crois qu'on doit ajouter aux notions précédemment énoncées et admettre parmi celles de reconnaître les tempéraments, la diversité des effets des agents extérieurs considérés selon les classes d'animaux qui font le sujet de l'étude vétérinaire, en s'arrêtant principalement aux substances médicinales dont l'action est connue.

Je commencerai par jeter un coup-d'œil sur l'influence de divers appareils et de quelques organes, et sur les modifications qu'ils paraissent éprouver, et comme déjà j'ai abordé particulièrement la digestion et la nutrition qui sont les deux bras de la puissance assimilatrice , je passerai immédiatement aux

1° Systèmes sécrétoires à résultats extérieurs considérables, tels que le cutané et l'urinaire ;

2° Ensuite j'apprécierai les effets des agents tels que :

(a) Le froid et le chaud ;

(b) Le sec et l'humide ;

(c) Les substances aqueuses et visqueuses ;

(d) — acides et vineuses ;

(e) — salines;
(f) — astringentes;
(g) — aromatiques chaudes;
(h) — amères, âcres et vireuses;
(i) Les narcotiques;
(j) — vomitifs;
(k) — purgatifs;
(l) — substances végétales à effets peu connus:
(m) — venins.

Si on prétend faire au cochon l'application de la connaissance des caractères et des effets des tempéraments considérés par systèmes, sa masse informe masquée par des soies longues et épaisses, un cuir dense et une épaisse couche de graisse, en ôteraient le moyen; car comment découvrir la nuance, le teint et l'élasticité, apercevoir des vaisseaux superficiels et des empreintes musculaires sur un corps ordinairement empâté et tout d'une venue, d'où semblent ne se dégager qu'avec peine, une tête et des membres informes et forts petits en proportion du tronc?

Le mode actuel d'analyser les faits scientifiques, plus indispensable encore dans le sujet qui nous occupe en raison de sa simplicité, excluant les hypothèses et n'admettant aucun fait non démontré, je crois devoir me borner pour le moment et en attendant les connaissances ultérieures nécessaires au développement du sujet, aux seuls points qui paraissent offrir quelques données bien apparentes utiles à mes recherches.

Systèmes cutané et pileux.

Une partie des matières assimilées étant attirées par la peau et le poumon, une portion des résidus de la nutrition expulsée par les mêmes voies et celles de l'urine, je me trouve nécessairement induit à jeter un coup-d'œil sur les appareils pileux et urinaire.

Abordant la peau et le poil en premier lieu, nous en considérerons 1° la nuance; 2° la consistance, et 3° l'érection.

1° Nuance.

Dans diverses contrées on estime plus durables les porcs noirs et ceux tachés de noir; mais des idées inverses ont aussi leur cours.

La robe blanche est réputée un indice de faiblesse de constitution dans tous les animaux domestiques, les bêtes à laine exceptées; car, en elles, cette production est en effet un des objets spéciaux de l'intérêt de l'Economiste; or, cette défaveur, ou pour mieux dire, le symptôme par lequel elle est désignée, est commun au cochon, puisqu'en certains pays on suppose ladres et on noie même tous ceux de ce poil.

Par un motif contraire, on a dû préférer les noirs ou les foncés en tout site humide, dont la constitution des blonds les prédispose trop à éprouver de mauvais effets, tandis que la vigueur des cochons à robe noire ou foncée y résiste beaucoup mieux.

Certaines races blanches sont plus frileuses que d'autres, ce qui décèle une calorification plus faible, et ont toujours faim ; ce besoin continuel de nourriture coïncide parfaitement avec ce que dénote le caractère frileux, car le calorique étant un des aliments de la vie, son défaut doit être compensé par une nourriture matérielle plus forte ; ainsi que le prouvent la grande consommation des hommes et des animaux du Nord et l'augmentation marquée de l'appétit en hiver, surtout comparativement aux dispositions gastriques qui règnent dans les saisons et les pays chauds.

La constitution d'un grand nombre de cochons roux et de bigarrés roux se rapprochant de celle des albinos, il n'est pas étonnant de les voir fort exposés à la ladrerie, quoique toutes les races domestiques y soient plus ou moins disposées ; la différence d'opinions précitée au sujet des inductions à tirer de la robe, dénote combien peu sont arrêtées les idées à ce sujet, et en conséquence l'absence de toute connaissance positive à cet égard.

La diversité du but proposé dans l'élève de l'animal en question, peut en apporter beaucoup dans les raisonnements sur le fait précédemment énoncé, car le tempérament mou qui est indiqué par les nuances faibles étant le plus disposé à l'ampleur du développement et à l'obésité, a dû faire donner, presque partout où il y a peu ou point d'humidité, la préférence aux blonds.

Les cochons de cette robe paraissent, ainsi que les bêtes à laine de la même nuance, attaqués de préférence par certains insectes, et assujettis de la part de quelques végétaux à divers effets dont sont exempts les bestiaux d'autres robes ; mais la réalité de cette cause n'est pas assez clairement démontrée pour que je m'arrête à en tirer induction.

Il faut donc bien distinguer la vigueur réelle de la constitution, point spécialement recherché quand il s'agit de la conservation de la santé, de cet état d'embonpoint et de mollesse considéré mal à propos par le vulgaire comme preuve de santé, quoiqu'il ne décèle que trop souvent le contraire, mais qui est le plus propre à un ample développement et à la formation de la graisse, objets spéciaux de l'inobésation artificielle, laquelle, au fond, n'est qu'une forme de prédisposition aux maladies.

2° *Consistance.*

Les soies qui couvrent le cochon sont arides au toucher, et la division de leurs extrémités semble indiquer une transpiration fort bornée, ce qui est contraire au sentiment des Économistes, lesquels, quoique convenant que le porc sue difficilement, assurent qu'il transpire bien, ce qui est absolument inverse à ce que démontrent la facilité, l'étendue et la rapidité de son engraissement, et sa grande disposition à la cachexie sous les causes d'affaiblissement.

C'est probablement par une action favorable sur

le système cutané que le soufre et les antimoniaux lui conviennent si bien. On a démontré la fausseté de la supposition d'une propriété vénéneuse de la transpiration du cochon relativement aux écrevisses et aux serpents : les Marocains la croient avantageuse aux chevaux, motif pour lequel ils entretiennent un de ces animaux à l'écurie : les navigateurs Arabes ont la même idée relativement à l'air des vaisseaux.

3° *Erection.*

On peut considérer comme dépendant en grande partie de l'énergie de la peau, la manière dont sont portés certains organes superficiels, quoiqu'ils aient à cet effet leurs muscles propres : tels sont principalement, quant au cochon, les oreilles, le membre, la queue, et quant aux autres espèces, les paupières, les lèvres, les narines.

En ce qui concerne les premières, une érection habituelle des conques, des mouvements vifs et faciles, peuvent être regardés comme indiquant une supériorité de vigueur comparativement à leur état relâché ; presque tous les animaux sauvages ont les oreilles plus ou moins érigées ; le sanglier et d'autres races offrent ce caractère ; elles pendent au contraire dans plusieurs autres, et notamment dans les cochons à soies blondes ; elles sont également relâchées sur les espèces connues par un très — ancien assujettissement ; ainsi en Chine, au Japon, au Tonquin, dans l'Inde, elles pendent dans le chat, animal qui, dans nos climats, est resté à demi-sauvage avec des oreilles droites : elles tombent dans le même état chez les vieux animaux qui les portaient érigées à la fleur de leur âge, par exemple dans les chevaux.

Le cochon montre naturellement la queue en tire-bouchon ; le relâchement de cet organe, qui du reste est fort rare dans l'état de santé, doit donc fournir des inductions utiles.

Le port des parties génitales externes du mâle, donne également quelques renseignements dans l'homme ; si les médecins négligent ordinairement ce signe, c'est par suite de leur assujettissement à des convenances que l'Art vétérinaire ne comporte point ; en conséquence, puisqu'il est reconnu que des or—ganes génitaux habituellement relevés et peu volu—mineux dans l'intervalle des paroxismes, indiquaient la vigueur héroïque, nous devons considérer l'état analogue dans les animaux comme dénotant une bonne complexion et voir dans l'état inverse l'indice d'une disposition contraire.

Système urinaire.

Les cochons dévorant les prêles et surtout la prêle fluviatile (1) sans en éprouver l'hématurie (1), on peut

---

(1) Généralement connue à Metz et environs sous le nom de *kawchette d'awe* ou queue de cheval : néanmoins le nom *kaw-chette* correspond à queue de chat à laquelle ressemble beaucoup mieux la prêle des bois.

(2) Pissement de sang.

croire leurs viscères urinaires peu irritables, ce qui du reste est également démontré par la consommation qu'ils font impunément de nombre d'autres diuréti- ques (1) âcres, parmi lesquels figurent principalement la plupart des insectes; ils sont cependant au nombre des animaux dont les os ont été modifiés par la ga- rance.

EFFETS DES AGENTS EXTÉRIEURS.

(a) *Influence du froid et du chaud.*

Quoique le cochon puisse être considéré comme cosmopolite, c'est cependant uniquement sous le rapport artificiel, car on si en rencontre dans tous les climats, en nombre de contrées néanmoins, cet animal ne doit son existence et le maintien de son espèce qu'aux soins intéressés de l'homme; en effet, il est très-sensible au froid, difficile à élever en hi- ver au point qu'on n'en peut conserver dans cer- taines régions septentrionales, contrariété à laquelle, à la vérité, peuvent concourir une abondance et une salubrité moindres des aliments, de l'air, des habitations, etc., le dédain de l'homme pour cette espèce, fondé sur la difficulté de la contenir dans des contrées peu peuplées, à demi-sauvages, et consé- quemment celle de prévenir ses dégradations toujours graves dans des pays où l'agriculture est rendue diffi- cile par l'état du sol, la rigueur du climat, etc.

---

(1) Substances qui font uriner.

Ce mode de sensibilité semble indiquer en lui une calorification faible, supposition contradictoire en apparence à l'étendue de sa puissance assimilatrice, qui ne peut s'exercer sans de très-grandes élaborations, sources nécessaires d'échanges de principes et de nouvelles combinaisons chimico-vitales qui, toutes, sont accompagnées et suivies de dégagement de calorique; que devient ce dernier, s'il n'est point perçu par le sujet? Est-il employé à entretenir la flexibilité de l'épaisse couche de lard qui couvre l'animal? Reste-t-il concentré dans l'intérieur, comme semble dénoter la propension de la brute dont nous traitons à se vautrer dans la fange et à se repaître de tout corps humide, probablement pour tempérer l'ardeur intérieure qui la consume?

La graisse devrait la garantir du froid, tant comme mauvais conducteur du calorique, qu'en diminuant sa sensibilité aux impressions extérieures; la plupart des animaux naturellement très-gras habitent les pays septentrionaux et surtout la zône glaciale, comme on le voit par les cétacés et les poissons huileux, nombre d'espèces d'oies et de canards qui y pullulent par myriades; on a expliqué, par la couche de graisse qui les revêt, leur résistance aux effets destructeurs de cette température en quelque sorte pétrifiante.

Durant le froid, la peau et le tissu cellulaire et principalement celui sous-cutané, paraissent augmenter de vitalité, ainsi qu'il est rendu évident par l'accroissement des matières pileuses et adipeuses (1), peut-être conséquemment au ralentissement de l'exhalation cutanée qui favorise la sécrétion de la dernière; aussi l'hiver est-il la saison la plus favorable à l'inobésation artificielle.

Cette augmentation de vitalité aux surfaces extérieures est bien évidemment un effet de la puissance conservatrice qui porte ses moyens de défense à la rencontre de l'ennemi, le froid intense étant destructeur de toute vitalité.

Cette température influe de deux manières sur l'état du poil; 1° elle le décolore, effet auquel peut aussi concourir la faiblesse de la lumière solaire dans les régions boréales et pendant les saisons froides; ainsi, il est très-connu que la plupart des animaux sauvages blanchissent en hiver, et que la nuance des autres s'affaiblit; presque tous les cochons du Nord sont blonds, nuance réputée indiquer affaiblissement du système et danger des maux qui en sont la conséquence. Pendant la campagne de 1805 toute la partie de la chevelure qui débordait la coiffure fut décolorée.

Tous ceux des climats chauds sont noirs comme les sangliers, dit Buffon; il paraît que dans les pays froids, cette bête, en devenant domestique, a plus dégénéré que sous la température habituelle oppo—

____

(1) Equivalant à graisseuse, expression qui ne paraît pas admise dans notre précieuse langue !

sée ; une légère différence sous ce rapport suffit pour changer sa nuance ; il est blond dans le nord de la France et même en Vivarais, tandis qu'en Dauphiné, pays voisin, il est absolument noir, de même qu'en Languedoc, Provence, Espagne, Inde, Chine et Amérique.

La faible coloration des surfaces les moins éclairées du corps, démontre qu'ici la lumière joue le principal rôle, puisque parmi ces points ainsi décolorés, il en est d'habituellement exposés à une plus haute température que celles en situation opposée, telles sont celles qui avoisinent les parties de la génération, les aisselles, etc.

Un autre résultat des effets du froid sur le poil consiste dans son alongement et son épaississement dans les climats et durant les saisons où prédomine cette température, ainsi qu'on le voit sur tous les animaux dont la fourrure se garnit mieux alors que dans les circonstances opposées ; le cochon est assujetti aux mêmes effets qui se prononcent d'une manière remarquable dans certaines races, puisqu'aux Orcades on tresse de très-fortes cordes avec les soies de ces animaux, indication de leur tenacité et de la longueur à laquelle parviennent ces productions.

En Amérique, le tempérament du cochon a paru influencé plus diversement qu'en Europe, puisque les chaleurs du Brésil et le froid du Canada lui ont également convenu ; cependant on n'y voit nulle trace de ces porcs de stature et de poids énormes si communs sur l'ancien continent et surtout dans l'Europe méridionale.

Quoique le cochon soit très-frileux et souvent ladre et maladif au nord, que sa chair semble acquérir de la salubrité dans les contrées méridionales, il paraît cependant que des causes accessoires au climat, telles que les aliments, influent spécialement sur ces dernières modifications qui ne peuvent être attribuées au tempérament.

Mais c'est principalement aux effets des transitions brusques du chaud au froid que le cochon est sensible et susceptible de dérangements, surtout sous la coïncidence d'autres causes qui, sans cette complication, resteraient impuissantes ; c'est alors en effet que se manifestent le plus ordinairement les indigestions, les diarrhées, la fourbure et les autres maladies qu'il éprouve par l'usage des fruits non mûrs ou gâtés, des cucurbitacées (1), des navets, des raves, des herbes mouillées, etc. , et que leur deviennent plus utiles les martiaux (2), les amers et les astringents (3).

(b) Sec et humide.

Une sécheresse modérée paraît convenir autant à la santé du cochon qu'à celle de la plupart des au—

---

(1) Végétaux analogues au concombre, au potiron, etc.
(2) Préparations tirées du fer, comme la rouille, etc.
(3) Substances qui resserrent.

tres quadrupèdes; mais trop prolongée, ou combinée avec une température ardente, elle soulève des masses de poussière qui couvrent les herbes, durcit le sol dont il doit exhumer les racines servant à sa nourriture; augmente assez sensiblement l'âcreté de nombre d'entr'elles qui peuvent alors lui devenir préjudiciables, favorise la multiplication de myriades d'insectes âcres qui se mêlent accidentellement à ses aliments solides, à ses boissons, à ses onctions dont elles augmentent les émanations nuisibles, coïncide en outre à accroître l'hypersthénie à laquelle il est si naturellement disposé par son âge et par le régime échauffant qu'on lui fait suivre, et deviennent, en conséquence, une des grandes causes des épizooties de l'espèce.

Le cochon paraît beaucoup souffrir de la chaleur extrême qui le fait dépérir et maigrir sensiblement, et devient, pour lui, une cause fréquente d'épizooties.

Puisque le sanglier recherche les marais et la fange, on voit que cette disposition dans son analogue domestique est naturelle et non l'effet de la négligence de l'homme à son égard, et qu'elle dépend probablement de l'ardeur interne qui le consume et qui est sans doute excitée par la multitude de substances âcres et astringentes qui forment son régime habituel, et entretenue par la retention dans le système d'une proportion considérable de calorique résultant de l'énormité de la puissance assimilatrice.

Les miasmes des marais étant connus pour produire les effets les plus fâcheux sur l'homme, et cette
fange dont s'enveloppe le porc en exhalant abondamment qu'il respire à la chaleur du soleil et pendant son sommeil, il est surprenant et peu croyable
qu'il en soit exempt, et ce privilége sera sérieusement
à vérifier.

Mais le cochon n'est point à l'abri des effets de
toutes les sortes d'humidité et particulièrement de
ceux de la rosée, peut-être parce que la fraîcheur
les aggrave.

D'après l'action pernicieuse de ce météore sur les
lapins, les poules et les pigeons, on entrevoit une
analogie de tempérament entre ces volatiles, les ruminants et le brutal qui nous occupe; à la quantité d'œufs qu'on exporte de France en Angleterre,
on voit qu'un ciel humide et nébuleux est en effet
peu convenable aux poules; cela est si vrai que
tout bon Irlandais croit comme article de foi, à
l'impossibilité de manger un œuf frais indigène en
Angleterre!

Comment les sangliers, les lièvres et les lapins
qui vivent à l'état sauvage et paraissent en éprouver si peu d'inconvénients, font-ils pour s'en garantir? L'agitation où les entretient l'exercice violent qu'ils sont à chaque instant forcés de prendre,
soit pour se procurer des femelles, soit pour se soustraire aux dangers qui les menacent continuellement
et les inquiétudes occasionnées par l'imminence de

ces derniers, sont sans doute les causes qui contre-balancent cette influence de l'humidité froide des forêts, tandis qu'ils sont aggravés de même que ceux de la moiteur beaucoup plus insalubre des habitations par l'immobilité absolue à laquelle sont condamnés nombre de bestiaux, et surtout de vaches et de cochons destinés à subvenir aux besoins de l'homme.

Il y a effectivement une très—grande analogie entre la position et le régime des animaux reclus pendant une grande partie de leur vie et entassés dans des cloaques infects et sans air, et ces mêmes circonstances de vie chez les détenus dans des cachots humides, et les navigateurs entassés dans un vaisseau en voyage au long cours.

Les maladies qu'on a jadis attribuées aux salaisons, à l'usage trop exclusif de la viande de porc et de poissons huileux, s'aggravant par le froid et l'humidité, tendant à guérison et cessant même par les dispositions contraires, la température et l'état hygrométrique de l'air et du sol pourraient fort bien influer considérablement sur la salubrité ou les effets pernicieux de cette matière qui, alors, ne serait qu'une cause très—secondaire des maux qu'on lui a attribués.

Effets de quelques substances médicinales.

Maintenant nous allons examiner la puissance des agents extérieurs dits médicaments, poisons et venins.

Les cochons paraissent généralement avides de toutes substances liquides, aqueuses, visqueuses, onctueuses et huileuses, et conséquemment, il n'est pas étonnant de les voir manger du lard, en cela analogues à l'espèce humaine dont la moitié au moins vit aux dépens du reste.

Ils recherchent la buglosse, les racines de guimauve, les crassulées (1), les ficoïdes (2), les saxifrages (3), les portulacées (4), les sedums (5), les orpins (6), les joubarbes (7), les mesambrianthêmes (8), la pomme de pin, et il est évident que leur voracité doit leur rendre fort utiles tous les rafraîchissants, les mucilagineux, les purgatifs, les diurétiques qui tendent à délayer les matières amon-

---

(1 , 2) Plantes grasses ressemblant à ce que le vulgaire nomme figuier d'Inde.

(3) Plantes grasses qui croissent dans les rochers et sur les vieux murs dont elles accélèrent la destruction.

(4) Qui tiennent du pourpier.

(5) Analogues aux joubarbes, l'une desquelles est connue du vulgaire sous le nom d'artichaut des toits.

(6, 7, 8) Toutes analogues aux joubarbes par leur texture charnue.

celées dans leur estomac, à en tempérer ou à en amortir les propriétés irritantes, à en procurer l'é—vacuation soit par les selles, soit par les urines.

Mais ils peuvent éprouver de mauvais effets des aqueux pris en excès, comme par exemple du petit lait, des aliments trop délayés, des fruits nouveaux cultivés ou sauvages, mûrs ou non, et surtout des cucurbitacées, qui sont quelquefois portés au point de dégénérer en indigestions accompagnées de coliques, accidents qui démontrent la faiblesse de la constitution et peuvent arriver surtout durant les saisons et dans les journées froides et humides, principalement pendant celles qui surviennent conséquemment à un abaissement subit de température lors des grandes chaleurs, à des pâtures glaciales prises mal à propos avant la levée de la rosée, dans les premières journées du printemps, ou après une pluie froide dont l'action s'aggrave encore par la négligence mise à présenter aux animaux des aliments chauds à leur retour des champs, causes qui déterminent des diarrhées plus ou moins opiniâtres et dangereuses.

En général les cucurbitacées les plus douces contiennent un principe qu'on pourrait qualifier de réfrigérant, puisqu'elles sont employées, les unes comme alimentaires rafraîchissantes, et les autres médicalement comme sédatives; la présence de ce principe augmenterait — elle les mauvais effets des corps âcres?

8*

Les cochons refusent la petite oseille , l'oseille commune, la persicaire et le poivre d'eau ; leur constitution paraît plus ou moins mal supporter les acides et les âcres unis à ces acides ou isolés du principe aromatique , leurs impressions étant augmentées ou accélérées par le froid, l'humidité, et diminuées, amorties ou annulées par les dispositions athmosphériques opposées , ainsi qu'on le voit par l'utilité alimentaire des matières de cette nature pour ces animaux pendant la saison ardente et par la sécheresse.

Ainsi donc, ce tempérament est influencé diversement par les acides, selon que leurs effets sont corrigés ou augmentés par des agents ou des circonstances opposés.

Les martiaux, le spath calcaire, les astringents, tels que les produits du chêne, paraissent beaucoup convenir à la constitution du porc qu'ils fortifient en favorisant la digestion , en resserrant le canal alimentaire, cet animal rendant la plupart du temps des excréments plus ou moins mous et toujours très-fétides ; conséquemment il est plus disposé à se relâcher qu'à se resserrer ; les délayants , les fruits les plus doux, le petit lait consommés en quelqu'abondance lui donnent assez promptement la diarrhée, tandis qu'ils peuvent à peine émouvoir le canal alimentaire de l'homme. Aussi, ces matières sont-elles bien plus répandues dans les climats froids et humides qui sont ceux où abondent le fer, le hêtre ,

le chêne, les plantes rosacées, potentillées, poly-
gonées, etc.

Selon les uns, les cochons aiment les corps salés
et les plantes salines ; d'autres sont d'opinion opposée, et s'ils ont bien vu, nous trouverons dans ce
goût l'explication de la cause de l'insipidité de la
viande de porc : on ne les voit effectivement pas,
comme les herbivores et surtout comme les ruminants, sans cesse occupés à lécher les surfaces couvertes d'efflorescences salines ou imprégnées d'u-
rine, etc. : on a néanmoins recommandé de saler
leurs aliments, ce qui est pratiqué assez généralement.

En fouillant la terre pour se procurer vers et racines, et en barbottant dans les eaux bourbeuses,
le cochon doit nécessairement avaler les particules
terreuses unies à ces matières, habitude qu'il a en
commun avec l'hippopotame.

Plusieurs substances salines agissent sur son système digestif, comme les corps âcres et amers, c'est-
à-dire en évacuant. D'ailleurs, la plupart des matières de cet effet ont une saveur amère ; on emploie
principalement comme remède le sulfate de soude à
128 grammes ;

Le muriate de soude et le natron à 64 ;

Le tartre à 92.

Les sels pouvant agir mécaniquement sur la trachée, doivent être parfaitement dissous : leur action
secondaire sur l'urètre exige qu'on en divise la
dose.

Le goût de l'animal dont nous traitons pour les liquides vineux (1) est un indice de la faiblesse de sa constitution qui requiert ces stimulants.

Il aime les ombellifères (2) et les labiées (3) aro—matiques et surtout leurs chaudes racines, de même que celles des arundinacées (4), des typhacées (5), des joncées (6), des cyperacées (7), qui relèvent le ton de son système digestif, opprimé par les causes précédemment énoncées.

Une forte partie des racines bulbeuses (8) est pourvue d'un arôme propre à tempérer et favoriser la digestion du principe visqueux qui en délaie la fécule; ce même arôme les aide à supporter les âcres (9), les amers (10),

---

(1) Le vin, la bière, le cidre, etc.

(2) Plantes ressemblant à la carotte, au persil, au cer—feuil, etc.

(3) Végétaux à fleurs imitant la gueule ou le museau d'un animal; la plupart sont d'une odeur très-agréable, comme le thym, le serpolet, la sauge, la cataire, etc.

(4) Ressemblant au roseau.

(5) *Idem* comme la masse d'eau, etc.

(6) Les joncs, le butome.

(7) Qui tiennent du souchet, les laiches, etc.

(8) Qui ont la racine en forme d'oignon, comme l'ail, l'écha—lotte, les orchis.

(9) Dont la saveur et l'odeur prennent au gosier, comme les renoncules, l'ellébore.

(10) Tels que la gentiane, la centaurée, les chardons, l'ab—synthe, l'armoise, etc.

les résineux (1), dont il modère ou prévient l'impulsion évacuante.

La constitution des cochons s'accommode bien des substances âcres, amères, résineuses et autres dites purgatives unies au principe aromatique, comme cela a lieu dans le cyclamen, le grand liseron, l'aloës, le strathioles, le manioc, les feuilles de noyer et de figuier, les pédiculaires, les digitales jaune, pourprée et autres, le muguet, le sceau de Salomon, le marron d'Inde, la caltha, la racine d'arum, les cynarocéphales (2), les renonculacées, et même des renoncules âcres et bulbeuses, des bulbes de la plupart des liliacées (3), des iridées (4), des orchidées et des alliacées, sans en excepter ceux d'ail noir.

Néanmoins la renitence de leur système alimentaire cède très-promptement à l'âcreté des racines de bryone et de coloquinte, à l'action des fruits d'élatérium, sans doute, ainsi que je l'ai déjà fait sentir ailleurs, par l'absence de tout principe aromatique qui puisse en tempérer les qualités réfrigérantes, supposition dont la réalité déterminera à rechercher la

----

(1) Le pin, le sapin, le genevrier, les liserons, la bryone, etc.

(2) A fleur en tête d'artichaut, comme les cardes, les chardons, la grande centaurée.

(3) Fleurs en lis telles que la jacinthe, le lis, la tulipe.

(4) Qui ressemblent à l'iris, comme le faux acore, la flambe, etc.

nature dont dépendent ces qualités, et comment elles agissent pour supprimer si promptement la calorification ; probablement que c'est en modérant, en suspendant, en annulant plus ou moins promptement les élaborations sources de la production de la chaleur.

Au nombre des corps âcres impunément consommés par le cochon, je ne dois pas omettre les corcelets d'une multitude d'insectes qu'il dévore et qui sont plus ou moins vessicants pour la peau de l'homme.

L'âcreté des excréments humains jointe à la nature très-amère, résineuse, corrosive de grand nombre de racines qu'il dévore, prouve également le défaut de susceptibilité de son estomac pour ces matières.

Il paraît néanmoins doué d'une grande irritabilité gutturale, fait contradictoire avec l'insensibilité apparente de sa peau et de son système alimentaire : on voit effectivement qu'il est violemment tourmenté par l'ingestion des corps pulvérulents, et surtout par les sels imparfaitement dissous, ce qui méritera d'être plus particulièrement examiné, en recherchant les causes du soyon ; peut—être l'innocuité apparente de tant de substances âcres dépend—elle de leur ingestion précipitée ou de leur état humecté ?

Un des effets les plus marqués des substances âcres et amères consistent dans l'évacuation stercorale dite purgation, les médicaments purgatifs sont donc tirés de cette classe de corps : voici l'énumération de celles qui ont été plus particulièrement essayées sur notre brute :

Aloës à 16 grammes, il agit seulement vingt-quatre heures après l'ingestion;

Rhubarbe de 96 à 128 grammes;

Sénevé moutarde à 16 grammes; son action se borne au ramollissement de la fiente, mais elle excite fortement l'appétit;

Pulpe de coloquinte à huit grammes;

Gomme gutte à quatre grammes.

La nécessité ci-devant exprimée et aussi celle d'amortir une luxure trop puissante excitée probablement par la grande masse de matières irritantes et succulentes qu'il avale, lui rendent utiles et très-salutaires les racines de nymphæa, la cynoglosse, le houblon et le chanvre qui l'assoupissent, ainsi que les solanées et l'ivraie qui, comme les laitues vireuse et saligne peuvent l'empoisonner.

Les cochons qui ont mangé beaucoup de truffes en les exhumant en sont tellement enivrés, qu'ils restent plusieurs heures sans pouvoir marcher; des effets analogues ont lieu sous l'ingestion des pommes de terre dans les mêmes circonstances; ils sont cependant les seuls animaux domestiques qui attaquent le verbascum blattaria (1); ils consomment même sans inconvénient les racines de cerfeuil bulbeux, C. sauvage, les deux berles à feuilles larges et étroites, plantes âcres et très-amères.

____

(1) Herbe aux mites.

Leur propension à éprouver le narcotisme (1) sous l'usage de diverses substances trop faibles pour influencer les facultés de l'homme, dépend probablement de leur grande disposition au sommeil.

Le porc vomit difficilement sous les remèdes; un goret de quatorze semaines exige jusqu'à deux grammes d'oxyde d'antimoine-hydrosulfuré-semi-vitreux, le double n'a pas suffi à une moyenne truie âgée de six mois.

Le tartre émétique agit immédiatement de même que l'ellébore blanc, à dix grains pour une truie d'un an.

Matières à effets peu connus.

Les cochons ne consomment qu'au péril de leur vie et refusent même le plus souvent l'agaric moucheté, l'agaric tue-mouche, l'agaric à tête large, l'agaric des mouches, la sclerote fasciculée; l'iris faux acore ni les mûres ne sont de leur goût.

A Java, on enivre et on empoisonne, selon la dose, le cochon sauvage à cause de ses dégâts, par le *kalak-kembing*, résidu de la distillation de l'eau-de-vie tirée du riz glutineux, pour l'odeur duquel il manifeste la plus grande aversion; il paraît que ce marc n'est point vénéneux pour la variété domestique.

Venins.

Ainsi que plusieurs espèces d'oiseaux, le verrat attaque impunément et dévore les serpents les plus

---

(1) Engourdissement analogue au sommeil.

dangereux ; on dit même que la chair de ceux qui vivent de serpents à sonnettes est délicieuse ; la constitution de cet animal est donc à l'abri des effets de ce venin, fait d'autant plus remarquable qu'il peut être empoisonné par le scorpion et par la multiplicité des chenilles.

Par quel moyen cet animal se garantit-il des premiers de ces venins ? en est-il défendu mécaniquement par l'épaisseur et la dureté de la peau et des soies, l'irritation déterminée par la raideur de ces productions que la frayeur de l'attaque doit hérisser dans la gueule des reptiles, ou par l'épaisseur et l'insensibilité de sa graisse ?

Cette dernière partie de ma supposition paraît infirmée par la puissance des dards et harpons empoisonnés sur les baleines qui, malgré leur lard dont l'épaisseur excède souvent un pied, sont en peu de minutes affectées de convulsions qui les font périr en moins de demi-heure, après des bonds prodigieux et des contorsions si étonnantes, que se propageant à l'eau de la mer, elles l'ont quelquefois soulevée et lancée dans les vaisseaux à proximité dont plusieurs en ont été submergés.

Résumé général de l'article tempérament.

Son étendue et la nouveauté de la matière pouvant le rendre inintelligible ou peu susceptible d'être apprécié par un grand nombre de personnes et même de Vétérinaires, je crois devoir en donner ici un résumé analytique.

Après avoir tenté de déterminer et caractériser les tempéraments d'après la prédominance d'humeurs plus ou moins imaginaires, on les a mieux dessinés par celle des systèmes d'organes.

Tout en essayant de tirer parti de cette classification qui, cependant, est peu applicable au cochon, je m'efforce d'éclaircir le sujet par l'examen du mode d'influence des agents extérieurs sur cet animal, et je trouve que,

1° Il est fort affecté des deux extrêmes de la température, mais néanmoins plus du froid que du chaud, ce qui dénote en lui, soit une calorification plus faible, soit une consommation interne très-considérable de calorique à la retention duquel concourt puissamment l'épaisse couche de lard qui le revêt, moyen également employé par la nature pour défendre contre le froid un grand nombre d'espèces de toutes classes habitant la zône glaciale.

2° Que le cochon est surtout affecté par les transitions brusques de l'une de ces températures à l'autre.

3° Que comme dans tous les autres animaux, le système pileux est spécialement affecté des grandes différences dans la température, et que ses autres systèmes et notamment celui de la digestion peuvent en être morbifiquement influencés.

4° Que l'espèce dont nous traitons a une prédilection spéciale pour l'eau et l'humidité, et souffre plus ou moins de la sécheresse.

5° Mais qu'au premier coup-d'œil elle semble à l'abri de l'action des miasmes des marais, apparence qui peut n'être que le résultat erroné d'un défaut d'examen des faits.

6° Que d'ailleurs elle n'est point exempte de l'influence pernicieuse de l'humidité froide à laquelle elle est assujettie comme les bêtes à laine, les lièvres, lapins, pigeons, etc.

7° Que ces effets sont considérablement augmentés par les circonstances de la reclusion, et que l'analogie presque complète de position d'un grand nombre de bestiaux dans les étables avec celle des navigateurs au long cours dans leurs navires, et celle des détenus dans les localités insalubres, conduit à reconnaître qu'ils doivent en éprouver des résultats analogues.

8° Qu'en ce qui concerne l'action des substances ingérées comme aliments ou comme médicaments, et de ce qu'on nomme venins, les cochons aiment tous les corps aqueux, visqueux, onctueux et huileux qui leur sont très-utiles en les rafraîchissant, en délayant et en tempérant l'âcreté d'une multitude de matières amères, résineuses, purgatives qu'ils avalent et leur servent également en déterminant l'évacuation des résidus.

9° Mais que ces délayants doivent leur nuire, soit par un usage trop prolongé ou trop exclusif, soit par la coïncidence d'une température froide et humide aggravée par de brusques transitions ; soit, enfin, par les mauvaises qualités inhérentes à quelques-unes de ces matières, comme l'immaturité, l'altération par avarie, la combinaison d'un principe sédatif, le défaut d'usage des correctifs imprégnés de calorique ou d'un principe aromatique.

10° Que les mêmes circonstances influent en bien ou en mal sur l'impression qu'ils éprouvent des acides, lesquels, en conséquence, tantôt leur conviennent et tantôt leur nuisent.

11° Que leur constitution est singulièrement soutenue, améliorée ou relevée par l'usage des martiaux et des astringents, qui, en outre, sont des correctifs utiles contre l'action des aqueux, des visqueux, du froid humide, etc. ; aussi la nature les a-t-elle spécialement prodigués aux climats où domine cette température.

12° L'impression qu'il éprouve des salins n'est pas aussi connue, quoiqu'après sa mort, sa viande les appelle comme assaisonnements et pour salaison ; que ce soit même la substance animale qui prenne mieux le sel, fait qui indique en elle une grande affinité chimique pour cette matière, mais est contradictoire en apparence avec le peu de goût que témoigne pendant sa vie le quadrupède en question pour les corps salins qu'il recherche moins que les ruminants.

13° Qu'il a une propension décidée pour les li-quides vineux et les aromatiques chauds, et en éprouve l'influence la plus avantageuse comme correctifs des amers, des âcres, des visqueux et des aqueux qu'il consomme en grande abondance, et dont sa constitution s'accommode également bien, n'éprouvant de mauvais effets que de ceux des corps de ce genre qui appartiennent à la famille des cu-curbitacées en qui l'âcreté et l'amertume paraissent aggravés par un principe sédatif spécial.

14° Que la renitence de son système digestif aux âcres, constitue un contraste frappant avec son excessive irritabilité gutturale.

15° Quoiqu'il semble s'accommoder de divers narcotiques dont la prompte action sur lui paraît résulter de sa grande disposition à dormir, il peut cependant être empoisonné par une dose trop forte de plusieurs de ces agents.

16° Malgré que vomissant pour rien par indigestion lorsqu'il est obèse, le cochon éprouve difficilement cet effet sous les remèdes.

17. S'il est à l'abri des effets vénéneux de nombre d'espèces de champignons, il succombe néanmoins à l'action de plusieurs autres.

18. S'il est invulnérable au venin des serpents les plus dangereux, il est cependant assujetti à celui du scorpion et des chenilles, quoique son système urinaire semble peu irritable.

TITRE DEUXIÈME.

SUINOMIE.

Quelque répugnance j'aie à créer de nouveaux termes, habitude si en faveur près des écrivains de nos jours, et si commode pour suppléer par des mots au vide des idées ou au néant des faits, je n'ai pu cependant me dispenser d'inventer différentes expressions pour désigner la connaissance, la description et l'élève des animaux domestiques, et en particulier le terme *suinomie* pour équivaloir à la circonlocution jusqu'ici admise, *éducation des cochons*, qui m'a toujours paru excessivement ridicule.

Que penser en effet d'une nation qui se pique de délicatesse dans le choix des expressions quant à la conversation ordinaire, chez laquelle on a créé et où on introduit encore journellement dans la langue, des myriades de nouveaux termes qui n'ont d'autre mérite que de satisfaire la vanité de leurs inventeurs et qui unissent souvent aux vices de la composition et de l'application, l'inconvénient de troubler inutilement l'esprit de qui étudie la science, et de la rendre inintelligible à ceux que leur âge et leur expérience mettent au-dessus d'occupations aussi niaises; que penser, dis-je, d'une nation chez laquelle néanmoins on lit, dans nombre d'ouvrages écrits par les premiers savants de la capitale, et même par des Académiciens : *Education des cochons, éducation des dindons, éducation des ânes*, etc., etc., et qui, en conséquence, exprime de la même manière l'élève mécanique de l'animal le plus rebutant et la direction de l'évolution des facultés d'un Prince chéri, espoir de la patrie, REJETON ILLUSTRE d'une dynastie de dix siècles !!! EDUCATION DU COCHON!.. ÉDUCATION DU PRINCE ROYAL !..! Est-ce donc donner de l'éducation que de porter à boire et à manger à un animal et balayer sa loge? Hélas…! ce n'est pas le seul mode vicieux de parler; en voici d'autres exemples :

« *Les services qu'ils rendent* (les cochons) *après leur mort…!* » Comment peut-on rendre par l'actif un résultat entièrement passif et involontaire, ignoré de l'animal lui-même, lequel n'existe plus, et qui, en conséquence, n'est qu'un effet et non une action?

Si on faisait un recueil de toutes les expressions et tournures vicieuses de cette nature répandues dans des livres, même savants sous d'autres rapports, de celles d'un genre ou d'une espèce employées au lieu d'autres fort différentes et plus convenables, un gros in-folio n'y suffirait pas !

N'entend-on pas journellement déshonorer de la qualification de *prix du sang*, les secours et les récompenses décernés à de longs services militaires et aux infirmités acquises à la guerre? Les voûtes du sanctuaire de la législation n'ont-elles pas mille et

mille fois retenti de cette expression de charcutier,
de cette horrible clameur de boucher ou de la ven-
geance altérée par la soif de la destruction de ses
semblables? Les journaux, sans penser à y faire la
moindre observation, n'ont-ils pas répandu dans
tout l'univers un trait de cette espèce échappé à la
colère d'un Maréchal de France menacé de perdre
une partie du fruit dû à sa valeur? Néanmoins pas un
membre des Chambres ni un de ces journalistes si
épilogueurs en d'autres cas niais ou tout au moins
inutiles, n'a pensé à demander à M. le Maréchal
depuis quel temps le sang de héros était susceptible d'être apprécié comparativement à celui des
cochons, et si on en avait déjà fait des boudins?

D'après l'usage, tous les services utiles à la patrie
doivent être payés, témoins les fonctionnaires civils;
après une longue carrière administrative, ces derniers ne seront-ils pas autorisés par l'exemple précédent à les réclamer et à les qualifier *prix de l'en-
nui, prix d'antichambres, prix des salamalecs* ou
des profondes courbettes, etc.? Et avec le temps,
la postérité ne sera-t-elle pas exposée à devoir saluer
certains annoblis, des titres de *comte d'étouffe-sou-
pirs, chevalier de pied de grue, baron d'humbles-
courbettes, vicomte Importuné, marquis de souple-
échine,* etc., etc.

I. Prédisposition, choix des sujets, et circonstances favorables.

De tous les animaux domestiques, dit Ch. Estienne (1), le cochon est le plus dispendieux, le plus glouton le plus dangereux par sa voracité ; mais telle qu'elle soit, il ne mange pas indifféremment toutes substances qu'il rencontre ou qu'on lui présente ; on a même constaté qu'il avait refusé 171 espèces hyperboréennes sur 243 : d'autres ont à la vérité reconnu qu'en Suède il mangeait plusieurs de celles désignées comme rebutées, et notamment la serratule des champs ; mais cet effet de la différence du climat, qui dépend au moins autant de modifications de sa sensibilité dues à la même cause que de la nature ou de l'état des plantes, est commun à d'autres animaux.

D'ailleurs, les indigestions, la fourbure et les autres maladies qu'ils éprouvent par l'usage de fruits de différentes sortes non mûrs ou gâtés, prouvent que leur constitution est loin d'être invulnérable aux effets de toutes matières alimentaires indistinctement ; en outre, toutes sont loin de leur convenir indifféremment ; ainsi les navets, les raves préjudicient à leur constitution, surtout pendant les temps froids, humides ou pluvieux.

------

(1) Agriculture et Maison rustique, par Ch. Estienne et Jean Liebault, in-4°. Rouen, 1608.

9*

On doit cependant attribuer le dérangement qu'ils éprouvent principalement à leur voracité, à leur gloutonnerie, et à leurs mauvaises habitudes : en effet, le cochon n'est jamais saoul de manger ni de dormir; sa consommation est telle que, en sus de ce qu'il a pu recueillir aux champs pendant la journée entière, il lui faut encore, à son retour à la maison, un ample repas ; on en a vu de petite race pesant au plus 65 kilogrammes, dévorer en vingt-quatre heures jusqu'à 30 et 32 kilogrammes de marcs de distilleries; d'autres ont consommé neuf kilogrammes de viande par jour pendant sept à huit semaines consécutives, quoique bornés par les circonstances d'un engraissement régulier ; à quel poids s'arrête-t-il donc quand il a des cadavres à discrétion? On trouva six seaux de raisins dans le ventre d'une laie tuée à la chasse par François Ier.

Cet animal met fort peu de discernement dans le choix des matières qu'il rencontre, et on lui laisse si peu de temps d'acquérir de l'expérience, qu'il n'est pas étonnant qu'il risque chaque jour les maux les plus graves et même l'empoisonnement par les substances âcres, amères, vénéneuses, malades, avariées, putréfiées qu'il dévore.

Dans l'élève de ce quadrupède, on a simplement en vue l'usage comestible de ses débris ; conséquemment, à compter de sa naissance jusqu'à l'époque où on a reconnu fructueux d'en commencer l'inobésation (1), leur entretien ne doit être considéré que comme un préliminaire indispensable à cette œuvre d'économie domestique ; mais on ne peut faire à ce sujet, comme il serait à désirer, deux articles bien distincts, l'un restreint purement au régime pendant la première de ces époques, et le deuxième embrassant les moyens par lesquels on le conduit à sa perfection comestible.

Par un usage dont l'origine remonte à une très-haute antiquité, la plupart des familles habitant les campagnes du centre et du midi de l'Europe occidentale, élèvent pour elles-mêmes, ou pour la vente, un ou plusieurs cochons ; cette bête consommant une multitude de résidus qui, sans elle, tomberaient en pure perte, ou seraient moins impunément employés à sustenter d'autres espèces.

Dans cette industrie, on a à considérer le choix des animaux à y soumettre et celui des aliments à leur donner.

De tous les quadrupèdes soumis à l'homme, celui dont je parle est le plus apte à l'inobésation, faculté résultant de l'énorme puissance digestive, et de celle de nutrition et d'assimilation dont la nature l'a doué, laquelle, en lui comme en d'autres espèces, s'exerce à un tel degré, qu'on pourrait le

---

(1) Dégoûté de répéter trop souvent les mots *engraisser* et *engraissement*, je me suis déterminé à leur créer les synonymes *inobéser* et *inobésation*, tout en regrettant de ne pouvoir étendre cette innovation à nombre d'autres cas.

considérer comme une machine purement et simplement destinée à faire de la viande, puisque des cochons qui consommaient excessivement, augmentaient de plusieurs livres en vingt-quatre heures ; mais il est bon de n'en tenir qu'en proportion des ressources locales.

Les circonstances qui le prédisposent dans son état ordinaire, plus que toute autre bête, à l'inobésation, sont 1° sa conformation ; il est, en effet, tout en cou et en corps, ses sens et ses membres étant fort petits comparativement ;

2° Son goût et son toucher sont très-obtus ; une moindre consommation d'excitabilité doit résulter du peu de développement de ces sens ;

3° Son extrême voracité et son indifférence quant au choix des substances qui s'offrent à sa gloutonnerie ;

4° L'extrême puissance de ses organes digestifs reste supérieure à tout ce qu'il lui soumet sans pouvoir, sinon très-rarement ou par un fort petit nombre de matières, être troublée dans son action ;

5° Par sa très-grande disposition à se reposer et à dormir, laquelle, avec le soin et la nécessité de chercher et prendre la nourriture, constitue presqu'uniquement son existence, l'animal paraissant absolument insouciant à toutes autres sortes d'émotions ;

6° La rareté de sa transpiration et de ses autres excrétions qui démontre que ce qu'il mange est assimilé presque sans résidu.

On a observé dans le Frioul que l'époque de la naissance, la race, le sexe, l'âge, les habitudes et l'état de l'animal influaient considérablement sur le succès de cette préparation ; ainsi le foie est en général délicat et de bon goût pendant la jeunesse des bestiaux, mais diminue en qualités à mesure qu'ils avancent en âge.

Dans cette province, les cochons nés en mars n'arrivent à la plénitude de leur engraissement qu'en décembre suivant, et n'atteignent qu'au poids de 250 à 300 livres, tandis que le commun des autres rend le double.

Aux environs de Metz, on conseille de préférer les cochons de la portée du printemps, ceux d'hiver, pincés par le froid, se développant moins : quoique certaines races d'Italie atteignent à pleine obésité avant leur dixième mois, la plupart des autres ne prennent cependant le lard qu'à un an et demi, quoiqu'ils croissent encore quatre à cinq années après cette époque ; mais il est rare qu'on les laisse vivre autant ; c'est donc communément à dix-huit mois qu'on en commence l'engraissement.

On préfère les mâles pour l'élève et l'inobésation, parce que ordinairement ils deviennent plus forts et se vendent mieux que les truies : il est d'habitude de garder seulement un quart de ces dernières,

On choisira les sujets sains, en bon état, dodus,

éveillés, ramassés, à peau fine, bien habitués et de bonne gueule, afin qu'ils s'entretiennent plus facilement et que, du reste, ils soient aisés à conduire; les porcs affamés prospèrent peu dans les premiers temps, ce qui est d'autant moins surprenant, qu'il faut d'abord détendre le sac avant de l'emplir. Aussi les cochons déjà en bon état avant d'être reclus, profitent-ils mieux, deviennent plus charnus et fournissent un meilleur lard.

Puisque l'extrême disproportion du tronc aux membres est la cause première de l'aptitude de l'espèce à l'engraissement, il s'ensuit que les races et les individus qui auront le plus éminemment cette conformation, seront les plus propres à l'inobésation.

En outre, dans certaines races et dans divers tempéraments, la faculté assimilatrice est beaucoup moindre que dans d'autres ; de là, un engraissement plus tardif à consommation égale ou majeure : sa durée varie selon les races et sa briéveté est considérée comme une perfection ; aux unes, douze mois suffisent pour parvenir à cet état; à d'autres, il faut le double, et à quelques-unes seulement le quart de ce temps : il en est de même de la quantité des matières nécessaires pour y arriver : les gros porcs de race Anglaise, par exemple, peuvent manger trois fois autant que ceux de la petite race, sans en prospérer proportionnellement.

La jeunesse et l'absence de dispositions prolifiques

sont d'autres circonstances favorables; aussi la plupart des animaux de l'espèce qu'on livre à l'engraissement sont-ils jeunes et réduits à l'état de neutralité.

Puisque nous avons vu, articles races et développement, que c'est dans les climats chauds de l'Europe que se trouvent les plus gros cochons, et que d'un autre côté nous voyons cette espèce spécialement avide de substances pénétrées d'une forte chaleur, il faut reconnaître le calorique comme un des plus puissants moyens de développement.

En outre, les saisons et les climats chauds, en produisant une majeure abondance d'aliments et en en facilitant l'exhumation deviennent, sous ce rapport, puissamment auxiliaires à la disposition dont il s'agit.

II. Modifications occasionnées dans l'état et la santé du sujet par l'inobésation.

Ces effets ont lieu 1° sur la santé et les sécrétions; 2° sur la masse totale de l'animal; 3° sur certains organes préférablement à d'autres; 4° sur la saveur, l'odeur, la facilité de se conserver et l'action nutritive des produits.

Ayant démontré dans un autre ouvrage, le passage matériel (1) des substances ingérées dans l'or-

____

(1) Voici l'énoncé sommaire des principales de ces preuves quant au lait où elles se manifestent immédiatement après la digestion; 1° la scammonée, le tithymal, la gratiole, le chou

ganisme, il est inutile de dire que, pendant l'engraissement des cochons, leur chair et leur lard con-

---

marin communiquent des propriétés purgatives à celui des chèvres qui ont brouté ces plantes.

2° La terre des pâturages de Sibérie étant imprégnée de la
lessive des cendres résidu de leur combustion annuelle, le lait
des vaches en contracte une saveur alkaline très-désagréable.

3° Celui des brebis qui vivent de plantes marines est salé,
quelquefois au point d'être insupportable.

4° Dans les Pays-Bas où abonde l'ail, le lait en a le goût
et l'odeur.

5° La plupart des labiées aromatiques, des crucifères (a) et
des ombellifères (b) en vicient la saveur.

6° Les feuilles de chêne, de coignassier, de noyer, etc.
l'altèrent beaucoup.

7° Le porreau, l'absynthe et l'armoise lui donnent une saveur amère et plus de disposition à tourner.

8° Il retient l'âcreté de l'euphorbe, la stypticité de certains
astringents, la couleur de l'indigo, de la garance et d'autres
rubiacés (c), la saveur et l'odeur de l'huile empyreumatique.

9° Les effets de la caltha (vulgairement souci des marais),
du lierre terrestre et de la garance se manifestent jusque dans
le beurre qui est d'un jaune plus foncé qu'à l'ordinaire.

10° Des femelles pleines long-temps médicamentées par le
safran, ont mis bas des petits et donné du lait de cette teinte.

(a) Qui ont la fleur en croix, comme la navette, la rave, la
sanve, etc.

(b) Dont la fleur est en parasol, ainsi qu'on le voit dans la carotte, le panais, le persil, etc.

(c) Qui tiennent de la garance, comme le caillelait, la croisette
velue, le grateron.

tractent une saveur, une odeur et d'autres propriétés relatives à ce qui leur est fourni; parmi ces substances, les unes améliorent et les autres détériorent les qualités des produits; en outre, elles et d'autres peuvent influer sur la santé du sujet; mais le plus grand nombre agit moins de cette dernière manière que de la première et sur la communication de certains effets nuisibles au consommateur.

Pour éclaircir ce sujet je considérerai d'abord les aliments qui améliorent les produits; 2° ceux qui les détériorent; 3° les matières qui nuisent uniquement à la santé de l'animal comestible; 4° celles dont les effets s'étendent jusqu'au consommateur; 5° et enfin les substances qui réunissent ces diverses sortes de modifications : si cette marche me contraint à me répéter, elle favorise considérablement l'éclaircissement du sujet, lequel, d'ailleurs, offrant de nouveaux points de vue dans son développement, me met dans la nécessité de les apprécier à mesure qu'ils se manifestent.

1° *Amélioration des produits.*

Ils contractent le parfum des labiées, des ombellifères aromatiques et notamment celui de la carotte et du panais, la saveur des châtaignes et des noisettes; le lard de cocos et de sagou est délicieux.

Après les mamelles, le foie paraît le premier organe à éprouver secondairement les effets des aliments : il est tendre, succulent et d'un goût agréable dans les jeunes cochons nourris d'une manière sa—lubre et délicate comme, par exemple, avec la farine, le lait, les fèves, les figues sèches, etc.

On utilise la connaissance de ces faits pour déterminer les règles du choix et de l'emploi des matières qui doivent être variées selon le but qu'on se propose : parmi celles qui améliorent les qualités des chairs, on compte toutes les semences, les racines et les fruits féculents, oléagineux (1) ou non, principalement ceux des céréales (2), et surtout l'orge.

La faîne rend les cochons vifs et agiles ; mais le lard qui se forme rapidement est mou, huileux, fond à la moindre chaleur, prend mal le sel, et se conserve peu : selon quelques-uns, contredits par d'autres, il n'en est plus de même quand, privé de son huile, le marc est seul employé à la destination désignée ; il a perdu ses inconvénients ; les tourteaux de colzat, pavots, navettes, olives, les perdent également quand on les corrige les uns par les autres, ou quand les bêtes mangent en même temps des substances d'effets contraires, comme les glands et les faînes, ainsi qu'il arrive lorsqu'elles les consomment au bois : dans l'usage artificiel, on doit les humecter avant l'emploi ; la graine de lin non exprimée donne un lard (3) très-ferme : il en est de même de

---

(1) Qui contiennent de l'huile.

(2) Tels que le blé, l'épeautre, le seigle, l'avoine, le maïs, etc.

(3) Messieurs les Académiciens ayant très-rarement l'occasion

toutes les légumineuses, mais à l'exception des pois, ces plantes communiquent à cette matière une certaine âpreté: le gland désamarisé ou non, en améliore la saveur ; les résidus des amidonneries donnent beaucoup de saindoux. On a vu, article *allaitement*, combien la laitue est avantageuse aux truies à cette époque.

2° *Substances transmettant de mauvaises qualités à la matière comestible.*

Telles sont 1° le marc de noix qui engraisse en peu de temps, mais communique à la graisse sous-cutanée une telle disposition à rancir, que l'usage en a été prohibé par les statuts Milanais.

2° Ainsi que nous l'avons exprimé ci-dessus, l'altération de cette matière sous l'emploi des semences émulsives est si évidemment dû à l'huile, que le marc des mêmes semences en est exempt, ce qui, cependant, est infirmé par certains Economistes : cette variation dans les opinions s'étend à bien d'autres substances, et paraît moins tenir à leur nature qu'à des circonstances encore peu appréciées.

3° On suppose que l'avoine, les marcs de raisins,

---

de prononcer et écrire le mot lard, n'ont pas senti la nécessité de lui donner un synonyme dont le défaut me force à réintégrer dans la langue l'ancien mot *Bacon*, qui est encore populairement usité à Metz et en Angleterre.

les résidus des laiteries et de la distillation de l'eau-
de-vie donnent un lard mollasse ; les derniers le
rendent insipide comme les délayants et nombre de
matières très-nourrissantes livrées en lavage.

4° Puisque dans l'Amérique méridionale et notamment sur les côtes septentrionales de Terre-
Ferme, on attribue la fréquence de la lèpre si commune sous la consommation de la chair de porc, à
l'emploi, par l'animal, des fruits du palmier real ou
palmiche, il est à croire qu'une source analogue est
ailleurs la cause d'une semblable modification, puisqu'il n'est pas le résultat uniforme de la consommation de cette viande en tous pays.

Sous la zône torride, en Afrique, dans nombre
de contrées d'Amérique et en Océanie, cet aliment
est considéré comme tellement salubre et facile à
digérer, que les médecins le préfère pour les malades,
les convalescents, et les tempéraments les plus minés
par les causes d'épuisement, fondés sur une expérience dont les résultats ont été admis par leurs savants confrères Européens. On a constaté des effets
inverses à l'armée d'Orient quant à l'Egypte, la
Syrie, la Palestine, opinion également accréditée
dans l'Empire Ottoman, en Perse, sur les côtes sep-
trionales de l'Afrique, quoiqu'on y permette la consommation de la chair de cochon sauvage comme
non prohibée par la loi ; il est donc bien évident
que la nature de l'aliment est une des causes de cette
différence ; restera à savoir si la bête désignée sous

le nom de cochon est d'espèce identique dans toutes ces contrées.

Sa substance devient coriace et incomestible dans les pays chauds par l'abus de la viande employée comme nourriture ordinaire.

Puisque chez ceux de l'Afrique torride, de nombre de points de l'Amérique et de l'Océanie qui consomment exclusivement des végétaux en pleine vie et n'attaquent jamais les ordures, la chair est éminemment salubre et que l'expérience établit l'opposé quant à ceux de notre pays, et à ceux qui vivent de charognes, de matières corrompues, etc., il en résulte que, pour eux, le régime végétal est plus salutaire que celui tiré des animaux.

3° *Matières nuisibles à la santé.*

C'est néanmoins presqu'uniquement parmi les végétaux qu'on trouve des corps naturellement nuisibles au cochon quant à sa santé.

S'il le peut, il se gorge de fruits nouveaux cultivés ou sauvages, mûrs ou non, au point de se météoriser (1), se crever l'estomac, ou tout au moins

---

(1) Ce terme tant soit peu trop pompeux a été de longue date imaginé pour exprimer la volumineuse expansion gazeuse qui a lieu ordinairement au commencement de la digestion des substances végétales récentes et surtout mouillées par la rosée, la pluie ou la boisson prise par l'animal immédiatement après l'ingestion. Cet effet arrive également sous l'usage des mêmes matières desséchées, et plus particulièrement par les légumineuses.

de gagner la diarrhée, ce qu'on évite en ne présentant la nourriture que peu à peu et après macération dans l'eau.

S'il doit tomber fourbu par excès de grain nouveau, les extrémités antérieures seront les premières
entreprises; il devient malade plutôt encore sous l'excès de fruits gâtés.

En général, sans nuire directement ni immédiatement, les matières aqueuses, relâchantes, l'affai-
blissent plus que les autres espèces, le mouton excepté; de ce nombre sont en particulier les raves,
les navets, les choux, citrouilles, concombres, topinambours, betteraves, le petit lait et les autres
résidus des laiteries surtout donnés à chaud, lesquels, particulièrement pendant les temps froids et
humides, retardent l'engraissement, occasionnent la
diarrhée ou des indigestions qui, souvent, sont suivies de dépérissement rapide, de prédisposition aux
maux de relâchement, aux hydatides, à la ladrerie, etc., etc., effets qui le désignent bien évidemment comme d'une constitution faible; mais si on
considère que presque tous ceux qu'on élève sont
abattus en bas âge, on concevra une des causes de
cette infériorité relative d'un quadrupède omnivore
comparativement à l'herbivore.

La ciguë le narcotise (1) et peut même l'empoisonner; un cochon périt dans les convulsions pour

____

(1) Terme presqu'équivalant à *enivrer avec assoupissement*.

avoir mangé de la soupe préparée par erreur avec de la racine de bryone, erronément supposée panais.

Les substances qui produisent plus facilement l'ivresse dans ces animaux, sont l'ivraie, les solanées et particulièrement la morelle noire, les verbasques, la jusquiame, la mandragore, la cynoglosse, la pomme épineuse, le chanvre, le houblon que nous verrons néanmoins bientôt figurer parmi les moyens auxiliaires d'inobéser.

La finesse de l'odorat du cochon lui fait éviter nombre de plantes vénéneuses pour d'autres bêtes, telles que celles désignées page 122; mais il ne paraît pas aussi habile à l'égard de la sclerote fasciculée, végétal qui, consommé avec les feuilles de chêne sur lesquelles il est parasite, a causé, vers 1774, une épizootie parmi les sangliers, marcassins et gorets du parc de Schœnbrunn.

Contrairement aux assertions de Linné relativement au poivre noir, cette épice n'empoisonne pas les porcs, ainsi que long-temps avant ce célèbre Botaniste, l'antiquité l'avait établi : néanmoins le picottement guttural que cause sa poudre peut devenir dangereux.

Il ne faut que peu d'aconit en vert pour lui donner la mort.

L'avortement est moins l'effet de vices spécifiques du gland et d'autres matières que celui de l'agitation et du désordre jeté dans le système par les accidents consécutifs aux indigestions résultant de la consommation excessive de ces corps ; la réalité de cet effet, qui arrive seulement les premières fois que les truies font usage du premier, est d'ailleurs contestée par les observations les plus récentes.

4° Matières à double effet, c'est-à-dire, qui affectent la santé de l'animal et les qualités de ses chairs.

Quel que soit leur goût et sans égard pour la voracité avec laquelle ils les engloutissent, mais en raison de l'analogie de leur organisation et à leur manière de se nourrir avec celles de l'homme, je répute plus ou moins insalubres pour les cochons, les substances ci-dessous dénommées comme étant constamment dans un degré quelconque d'altération :

1° Ils digèrent mal la viande crue, et s'ils en mangent beaucoup, elle les échauffe au point de les rendre furieux, inconvénient qu'on prévient par la cuisson en la combinant et en l'alternant avec la pomme de terre, et en en modérant la ration ; beaucoup de sang et d'intestins leur donnent la diarrhée ; c'est encore pis si ces matières sont corrompues, si elles proviennent d'animaux mal disposés.

2° Les résidus des boucheries, triperies, voieries, pêcheries, tanneries, amidonneries, laiteries, distilleries, brasseries, et notamment les parties de harengs, morues, épinoches, sardines, intestins et ouïes de poissons plus ou moins altérés, les insectes marins.

3° Le cochon mangeant ordinairement sans inconvénients, les souris, rats, mulots, on peut considérer la viande de rongeurs comme ne lui préjudiciant pas ordinairement ; mais remarquez que souvent ces rongeurs sont infirmes ; ils servent pareillement aux oiseaux de proie, aux chats qui, comme eux, en font une grande consommation, et qui, par fois, deviennent malades par l'excès qu'ils en font.

4° Si le cochon rejette la tête et la queue des serpents, si le pecari ne mange ces reptiles, les crapauds et les lézards qu'après les avoir écorchés, restera à savoir si quelque propriété malfaisante de la peau ou sa renitence et celle des écailles sont les causes de cette précaution ; on sait que les quadrupèdes et les oiseaux de proie vomissent le poil et la plume de leurs victimes ; que le poil est considéré comme vomitif ; que celui de la taupe constitue un des secrets contre le farcin.

5° Si quand tous les arbres des forêts sont rongés par les chenilles, les cochons crèvent en grand nombre, il faut croire que la consommation de ces insectes leur est nuisible.

Le passage matériel à travers les tissus et dans les produits sécrétés d'une partie des éléments ou des corps chimiques étant démontré dans les grandes espèces, on peut l'admettre quant aux petites, et croire que les substances âcres, vénéneuses consommées par nombre d'insectes modifient chimiquement leur texture et leurs humeurs ; est - ce ainsi que le meloë, la cantharide, l'abeille, le scorpion, les reptiles vénimeux, etc., acquièrent l'âcreté de leur substance et les qualités pernicieuses de leur venin ? On peut et on doit donc rechercher quels effets éprouvent les humeurs du cochon par l'ingestion de tant d'aliments âcres, et de ceux extraits par ses facultés gastriques d'une multitude de racines de même effet : la force vitale les incorpore—t-elle matériellement au système ? les expulse—t-elle ? les décompose-t-elle ? comment se préserve - t - il du venin des reptiles, et surtout de celui du serpent à sonnettes ?

6° On ne peut considérer comme salubres les pains de creton et de suif ; car, outre l'altération de la matière par le feu, elle est plus ou moins imprégnée d'oxyde de cuivre et d'autres impuretés ; il en est de même de la fiente et des excréments de toutes espèces d'animaux, et surtout de ceux de l'homme.

On assure que de malheureux paysans sont réduits à employer l'œsype (suint de mouton) résidu du lavage des laines, en guise de graisse, pour accommoder leurs aliments ; à plus forte raison pourrait-on utiliser cette substance à l'engraissement du cochon, mais sans la considérer comme bien salubre.

5° *Modification du système* (1) *par le régime d'inobésation.*

Outre ces effets spécifiques, les aliments pris en excès ont, sur le cochon comme sur toutes autres espèces, une action générale purement et simplement consécutive à la surabondance des humeurs produites par cet abus du régime, à la disproportion de leur quantité avec les besoins de la nature, à la voracité avec laquelle la nourriture est consommée, à la reclusion, au défaut d'un air suffisamment renouvelé, à la respiration des effluves infectes de ses excrétions et des résidus putréfiés de ce qu'il a consommé.

Tels sont l'augmentation progressive de la stupidité, de la mauvaise humeur et de la disposition à l'immobilité et au sommeil.

A l'augmentation sensible de la vigueur de ce pourvoyeur de la société, principalement quand il est nourri de corps d'origine animale et à l'exaspération plus habituelle de son caractère, modification également observée dans l'homme, on voit qu'il éprouve de ce régime, les mêmes effets que les herbivores.

---

(1) Le mot système exprime toujours un arrangement régulier soit au moral, soit au physique ou au scientifique ; et dans ce livre, c'est l'ensemble soit de toutes les parties qui constituent l'animal, soit dans un sens plus restreint, seulement de celles qui concourent à l'exercice d'une fonction.

Le cochon presque gras est très-disposé à vomir ; mais qu'y a-t-il d'étonnant de voir un animal tenu dans la plus exorbitante malpropreté et sans air, qu'on gorge d'aliments dans l'intention de le développer et de l'engraisser le plus promptement possible, perdre l'appétit, vomir à chaque instant, paraître continuellement assoupi ou ivre, perdre le sentiment ou la locomotilité au point que, faute de pouvoir se tourner ou se ployer, il est contraint d'endurer l'établissement de petits quadrupèdes sous son corps, de s'en laisser ronger sans pouvoir s'en défendre, de sorte qu'on a vu rats et souris nicher sur le dos ou dans l'épaisseur des cuisses de ceux parvenus au dernier degré d'obésité sans que l'engraissement en ait souffert, quelques-uns ayant même pris jusqu'à dix-huit pouces de lard.

Enfin, comment le cochon pourrait-il conserver sa santé au milieu des effluves des terres humides, fangeuses, marécageuses, sur lesquelles on le voit souvent digérer assoupi pendant une demi-journée et plus, au soleil le plus ardent, quand on sait que peu d'heures d'une semblable situation peuvent précipiter l'homme endormi dans les maladies les plus graves, et même lui donner la mort presque subitement !

Cette voracité du cochon et ses conséquences sont les causes de beaucoup d'autres effets qu'on a très-probablement supposé mal à propos dus à certaines qualités spécifiques des matières consommées. Ainsi, l'assoupissement attribué à la cynoglosse pourrait dépendre de la surcharge de l'estomac ou de l'obésité jointe aux chaleurs subites? N'existe-t-il pas nombre de corps médicamenteux dont les propriétés ont été établies sur des fondements aussi douteux? Le vin et les spiritueux ne produisent-ils pas le même effet sur l'homme?

III. Examen des moyens d'inobésation.

Parmi les moyens d'effectuer et d'accélérer l'engraissement, il en est de purement alimentaires et d'auxiliaires non nourrissants, parmi lesquels on en distingue d'hygiéniques, de médicinaux et de chirurgicaux.

1° *Moyens alimentaires.*

Ils consistent 1° dans des substances animales; 2° des matières végétales; 3° des corps d'apparence minérale.

Considérées en général, les premières se prennent principalement parmi les lactigineux, comme le lait, le petit lait, les résidus des laiteries.

Les viandes de rebut.

Les résidus des préparations des divers arts qui emploient des corps de ce règne.

Les matières végétales sont choisies parmi les fécules et les corps féculents, les fruits sucrés ou acerbes, les huileux, les visqueux.

Nombre de substances herbacées.

Divers résidus.

Les auxiliaires hygiéniques se combinent des modifications de la tenue, de la diminution et même de la suppression des mouvements, et de l'abolition d'un ou de plusieurs sens ou fonctions et notamment de la génération et de la vue, et en outre de certaines préparations des aliments.

Les moyens médicinaux consistent dans les astringents, les purgatifs, les martiaux, les antimoniaux, le soufre, les somnifères (1), dont plusieurs méritent une mention particulière et quelques détails, soit comme préférables ou à éviter, par les qualités bonnes ou mauvaises qu'ils communiquent à la viande, soit parce que leur emploi exige des précautions.

Pour mieux apprécier les propriétés des aliments du cochon, je les rangerai d'abord, autant que possible, selon leur ordre naturel.

Et dans un deuxième article, je les examinerai selon leurs effets analeptiques et sanitaires.

A. *Grains et autres corps féculents.*

Parmi les nourrissants végétaux propres à effectuer un engraissement prompt, les semences des céréales et des légumineuses tiennent le premier rang; au midi et à l'ouest le maïs obtient la préférence; au

---

(1) Qui occasionnent le sommeil, comme le coquelicot, la morelle, la jusquiame, etc.

nord, ce sont l'orge, les pois, les fèves et les ha—
ricots.

Ainsi que pour les quadrupèdes, l'usage de ces
matières requiert des soins, car elles exposent les
cochons aux mêmes accidents, surtout quand elles
sont consommées avant maturité, trop nouvelles,
avariées ou en excès.

Le froment, le seigle, l'orge, toutes les espèces
d'avoine, surtout l'espèce dite à chapelets, le sarrazin sont les grains les plus substantiels, les plus
communément employés et donnent le meilleur lard,
principalement les trois premiers; mais par économie on préfère les derniers, malgré que l'avoine,
même fermentée et acidifiée, produise du Bacon (1)
plus mollasse que l'orge.

Le sorghum, tous les panics, la fléole et surtout
ses bulbes radicaux, ceux du vulpin bulbeux, le
vulpin des marais, l'ivraie, le riz sauvage à Saint-
Domingue, les balles de riz aux îles de la Sonde,
aux Philippines et en Italie, le riz rouge au cap
Raz-al-gate, abondent en principe amylacé et in—
fluent beaucoup par leur abondance pour faciliter
l'exercice de la branche d'économie dont il s'agit.

On peut considérer comme approchant des qualités des matières précédentes par la fécule qu'ils
contiennent, le son, le chiendent, et surtout ses

---

(1) Voyez ci-devant, page 141, les motifs qui m'ont déterminé à réintégrer ce déserteur dans la langue française.

racines, les criblures et balayures de grains, les algues, les varecs vessiculeux et noueux, et beaucoup d'autres plantes marines qui composent en grande partie les rejets de mer.

Les cochons aiment également les Lichens d'Islande, rangifère, canin, mural, pulmonaire, corne de cerf, les prêles et surtout l'espèce fluviatile ; ils sont avides des asperges, des ananas, des fruits de toutes les espèces de palmiers, des fruits et racines d'ignames, des bananes et du bananier, des balisiers, des gingembres, de la canne à sucre, de son suc et de son marc.

Examinons plus particulièrement et comparativement les effets des plus usitées de ces substances.

Le seigle est le plus nourrissant de tous ; sous ce rapport quatre parties de ce grain équivalent à cinq parties d'orge ou à sept de sarrazin ; ramolli, il plaît et nourrit moins ; germé, il leur devient à la fois plus profitable et plus agréable, consolide le lard, le dispose à une meilleure salaison et à la fumée, et agit plus efficacement sur les porcs de six mois quant à ces dernières qualités.

Les pois dits bisailles, les pois ordinaires, les pois à cochon, les lentilles, les fèves ordinaires, les féverolles sont les légumes employés le plus communément à l'engraissement ; mais les premiers, supérieurs en qualités aux autres, sont en Danemarck l'aliment ordinaire de notre favori : à de petits porcs de 65 à 80 kilogrammes, il a fallu 484 litres de pois et à peu près le double aux gros ; on donne un peu plus de lentilles ou de fèves ; mais, dans tous les cas, on doit terminer par l'orge grugée.

Le porc se nourrit bien de trèfle, luzerne, sainfoin, de mélilot de Sibérie, de gesse tuberculeuse, d'orobe tubéreux, de la racine de *Robinia caragana;* mais il ne doit manger de la graine de vesce que de loin en loin, car elle paraît nuire par excès de principe nutritif.

Toute la plante racine comprise, de scirpe des lacs, — maritime, — des marais, de jonc bulbeux, des souchets dits long — comestible — jaunâtre — brun, des typhas et surtout le bas des tiges et les racines, et celles de stachys des marais, de filipendule, de ptéride aquiline, d'osmonde struthioptère qui, en Hongrie et à Madère, donne à la chair de porc un goût de venaison recherché ; les tiges de plantain d'eau et de sagittaire, la plupart des hypericées (1), des rubiacées, des salicaires, les racines et plantes d'onagraire, d'argentine, de tormentille, de quintefeuille, de benoite, de fraisier, de pied de lion, de macre et ses fruits, les spirées filipendule et ulmaire, et surtout les tubercules de la première de ces deux herbes, les malvacées et particulièrement les racines de guimauve, le manioc, les patiences, la renouée, les racines et plantes des diverses chicorées et surtout du pissenlit, de scorzo-

____

(1) Famille des millepertuis.

nère, de laitron, de crépide bisannuelle, de barbe-de-bouc, d'épervière, de lampsane tant sauvage que cultivée.

J'ai déjà énoncé leur friandise pour toutes les parties des ombellifères aromatiques et notamment des panais, des carottes, et particulièrement de la variété jaune qui est estimée plus nourrissante et qui, les unes et les autres, conviennent principalement aux cochonnets tant avant qu'après le sevrage: il en est de même de la plante et des tubercules de cerfeuil bulbeux et de cerfeuil sauvage malgré leur âcreté et leur amertume; ils aiment aussi ceux de terrenoix, les deux pimprenelles: ailleurs j'ai établi l'innocuité des berles à leur égard.

La scabieuse des prés, les racines de nenuphar, les bettes ou poirées rouges leur sont également agréables; l'espèce blanche vaut et leur plaît moins; les épinards les nourrissent peu, ainsi qu'il résulte d'expériences faites en alimentant pendant six mois un goret, de 48 kilogrammes d'épinards par jour, sans qu'il ait sensiblement augmenté de poids.

Les pommes de terre, les choux, les raves, feuilles, graines et racines, les navets peuvent également être utilisés à l'engrais; mais les premières sont entre toutes ces matières le seul aliment bien nutritif: elles donnent un lard moins consistant que le sarrazin.

On emploie pareillement les radis, les raiforts vrais ou faux, les navets des campanulacées et notamment ceux de campanule raiponce, — orbiculée et à épi, les bruyères, les vignes et surtout le raisin ordinaire, les espèces sauvages et toutes les liqueurs fermentées, tant celles qui dérivent de ces végétaux, que des autres espèces, comme la bière, le cidre, etc.

Ils sont en général avides de tous les fruits féculents ; on leur donne ceux de rebut et même les bons quand le prix le permet, mais on leur en livre au moins les épluchures, les écorces et les marcs : les châtaignes sont principalement en usage en Limousin, Dordogne, Cévennes et en Corse : on emploie aussi les analogues sauvages de ces fruits et même les marrons d'Inde ; mais ils produisent moins de graisse ; les bollotes, les glands de liége, les écorces et feuilles de chêne et même le tan leur servent également.

Les semences, fruits et écorces de melon, concombres, potirons leur conviennent plus ou moins selon la saison, et peuvent leur donner la diarrhée si elles sont employées intempestivement ; il en est de même des pommes, poires, prunes, abricots, cerises, cormes, cornouilles, sains ou gâtés, mûrs ou non.

On assure qu'avant leur maturité les mûres préservent les cochons d'esquinancie (soyon), mais ils les refusent ensuite.

Toutes les fois qu'ils le peuvent, ces animaux préfèrent au gland les matières inhumées, quoiqu'ils ne négligent aucune des parties charnues des végétaux quelle qu'en soit la position pendant la vie : ainsi, on les voit attaquer les feuilles mais plutôt encore les bulbes de la plupart des liliacées, des iridées, des orchidées dont j'ai déjà fait l'énumération ; ils recherchent principalement ceux d'ail noir, de jacinthe des bois, d'asphodèle blanche, d'ornithogale ombellée.

Ils aiment les racines de pied de veau et de colocase, les tumeurs de serratule et de terrette, et celles de la plupart des espèces non vénéneuses.

Les climats des espèces bulbeuses et tuberculeuses semblent les plus convenables à l'animal dont nous traitons, à la subsistance duquel la puissance conservatrice a spécialement pourvu par cette disposition. En effet, ces végétaux doublent en nombre dans la zône tempérée froide, et le quintuplent presque dans la zône tempérée chaude : enclin à fouiller le sol, il paraît le consommateur désigné à toutes les productions et matières alimentaires souterraines et aux végétaux dont il vient d'être question, lesquels abondent en fécule nourrissante propre à déterminer en lui ce regorgement de sucs qui le constituent une des principales ressources alimentaires du genre humain : il est d'ailleurs pourvu d'une sensibilité gastrique à l'épreuve de l'âcreté et de l'amertume de nombre de ces corps qui servent en quelque sorte d'assaisonnement au reste.

Les herbes provenant du nettoyage et du sarclage des jardins, des cultures, des bords des chemins, des clairières, étant employées pour les cochons comme pour les vaches, méritent notre attention ;

elles se composent principalement de feuilles enle-
vées aux plantes oleracées (1) et particulièrement au
chou, aux laitues, betteraves ; de toutes celles émondées de nombre d'espèces d'arbres, et même de
l'orme, du noyer, du mûrier et du figuier, peuvent être mêlées et cuites avantageusement avec leurs
aliments ordinaires.

Les porcs aiment également les amaranthes ; mais
il y a eu dissentiment au sujet de leur goût pour
les diverses espèces d'anserines, et spécialement relativement au bon henri, aux pattes d'oie vulgaire,
murale, rouge, hybride, urbique et polysperme
que dans certains lieux ils ont refusées, tandis qu'ils
les ont consommées ailleurs. En général, on sait que
quoique le cochon ne mange spontanément ni en
tout temps qu'un petit nombre d'anserines, aucune
ne lui nuit, pas même les espèces qu'il a le plus
opiniâtrement rebutées, et qu'on n'a pu le contraindre à manger que par des moyens artificiels et le
mélange en forte proportion à d'autres matières ; elles
n'ont occasionné aucun changement apparent dans
l'urine ni dans la fiente ; ils ont refusé le chenopo-
dium album seulement à floraison ; n'ont mangé
l'anserine maritime, plante salée, que pendant sa
jeunesse ; en tout temps, ils sont avides des espèces
dites *verte* et glauque ; il est bon de remarquer que
beaucoup d'espèces de cette famille croissant le long

______

(1) Employées comme légumes.

des chemins, au pied des murs et près des habita—
tions, sont généralement couvertes de poussière, de
fange et d'autres ordures résultant de la fréquentation
de l'homme et des animaux.

Les lieux pierreux, les ruines, les sommets de
vieux murs et les toitures négligées, les rochers fournissent nombre d'espèces crassulées qui plaisent à
mon héros, quoique leur viscosité dégoûte la plupart
des quadrupèdes herbivores.

On a employé utilement la sauge et le thym comme
aliments du cochon et aromatisant le lard formé sous
leur effet.

Qu'importe à un goût aussi robuste et aussi exer-
cé, l'âcreté des renonculacées, puisque ce palais est
à l'épreuve de celle des bulbes corrosifs de la
grenouillette (R. tuberosus), et qu'il fait ses dé—
lices des feuilles et tiges de R. âcre, de souci des
marais, de soldanelle, de liseron des haies et de liseron des champs dont le suc est drastique pour les
autres espèces !

Pour le calmer et le provoquer au sommeil, les
solanées sont des moyens utiles mais peuvent l'empoisonner.

Résidus d'autres matières végétales.

Les principaux sont les marcs de raisins, de pommes et de poires acides, de pommes de terre , de
figues.

La drêche et le son.

Les marcs des distilleries et des amidonneries.

Les résidus des boulangeries.

Les marcs de raisins donnant un lard mollasse exigent qu'on termine ce mode de nourrir par un régime plus consistant.

Le son est un complément utile à l'engrais du porc, surtout à l'état de fermentation spiritueuse ou acidule ; le son fin est plus nutritif que le gros ; un hectolitre pèse de 40 à 48 kilogrammes, au lieu que le dernier ne donne que 32 à 36 ; le son de seigle a plus de poids.

La drêche contenant peu de substances nourricières, constitue un simple accessoire aux autres matières, principalement aux marcs de distilleries et d'amidonneries auxquels on l'associe ordinairement en y ajoutant de l'eau, car on les considère comme trop nourrissants ; mais la drêche convient aux verrats : les marcs d'amidonneries donnent un bacon très-ferme et beaucoup de saindoux ; il en faut un tiers de moins que de ceux d'eau-de-vie. Le résidu filtré ne sert point à l'engraissement.

Matières animales.

Le cochon étant omnivore, les substances animales font partie de ses aliments naturels, et il lui importe sans doute d'en consommer de temps en temps pour se maintenir en santé et prévenir les maux cachectiques auxquels il paraît exposé ; on peut donc considérer comme salutaires à cette bête

les corps de ce règne de toutes espèces en bon état;
elle en engloutit effectivement des quantités incroya-
bles quand elle le peut; mais ce n'est pas toujours
impunément ni sans altération des qualités comestibles; cependant c'est plutôt par l'excès que par la
nature originaire ou l'état de ces matières qu'elles
préjudicient à la santé.

Nous avons déjà dit que des cochons en graisse
avaient consommé jusqu'à 9 kilogrammes de viande
de cheval par jour, cependant des lions et des tigres
d'une ménagerie qui resta à Metz pendant plusieurs
mois se maintenaient en bon état avec la moitié de
cette ration; nous avons exposé précédemment les
moyens d'en prévenir les mauvais effets.

Ils n'en dédaignent d'aucune sorte en quel état
elle soit (1); quelque légérement en soit imprégnée
la terre et les résidus les plus corrompus, ils les recherchent et les dévorent avec avidité, mais préfèrent celle fraîche et sanguinolente, au point d'attaquer leurs petits, les enfants et même l'homme,
ainsi qu'on en a eu un exemple dans le département
de la Moselle en 1835 (2), dans le malheur d'une
porchère de seize ans qui, en s'efforçant de ressaisir
son chapeau de paille qu'entraînait le vent, fut dé-

______

(1) Certains gastronomes sont comparables au cochon par leur
goût pour les viandes faisandées; j'ai dû parler ailleurs de l'horrible mets nommé cemate.

(2) Courrier de la Moselle. Octobre 1835.

vorée par son troupeau effrayé de l'apparition subite
et des circonvolutions de cet objet ; il est probable
que, dans ce cas, leur stupidité inexpérimentée, et
dans les autres, la malpropreté avec laquelle sont
tenus bien des enfants de la campagne, sont les
causes principales de pareils accidents ; une brutalité portée au point de leur faire méconnaître leur
conductrice habituelle, tendrait à décéler que la
nature a relégué leur intelligence au fond de leur
estomac.

Les substances animales employées dans les cas
ordinaires à la nourriture et à l'engrais du cochon
dans ce pays sont en petit nombre, et se réduisent
principalement à la viande de rebut, aux débris des
basses boucheries et manufactures à produits animaux, au petit lait, au lard, au poisson avarié et
même à demi-pourri (1) ; j'ai déjà parlé de la
guerre destructive qu'ils font continuellement aux
petits rongeurs, aux reptiles tant grands que petits,
vénimeux ou non, aux animaux à coquille, aux insectes sans en excepter les fourmillières ; ils sont

----

(1) En Portugal on leur livre le superflu de la pêche des
sardines qui affluent sur ses côtes en nombre incalculable :
quant au poisson à demi-pourri, les becs fins de notre belle
France et les peuplades orientales de la Russie s'accordent, sans
se connaître, à le disputer au cochon, témoin le grand usage
qu'on fait de thon, d'esturgeon, de sardines, d'anchois, de
caviar, de harengs, morues, stockfisch, et tant d'autres poissons salés, fumés, saurés, etc., etc.

avides des larves de hannetons et des cocons de vers à soie ; en guise de macaronis ils mangent des vers de terre et surtout des lombrics auxquels la terre qui y adhère sert de fromage d'Italie.

Liquides.

L'eau est pour les cochons comme pour les autres animaux la principale boisson ; mais ils y mettent aussi peu de choix que quant aux solides, boivent tout ce qui est trouble, infect, etc.

Eu égard aux composés, on leur donne principalement le petit lait ; mais relâchant et affaiblissant trop les jeunes cochons, on doit le réserver aux adultes et ne l'employer à l'inobésation que faute d'autres moyens et incorporé à d'autres substances : si on le leur offrait à chaud, surtout quand il est doux, il leur causerait des accidents mortels : le lard qui en résulte est mollasse et ne gonfle pas au pot.

Malgré ces inconvénients, le petit lait est loin d'être nuisible dans tous les cas ; il constitue au contraire une partie essentielle du régime rafraîchissant quelquefois si nécessaire, surtout à la truie allaitante pour laquelle on le rend plus substantiel en y incorporant la pulpe de diverses racines cuites et particulièrement celle des pommes de terre, les farineux, etc. C'est même le régime le plus profitable à ces animaux. J'ai mentionné ci-devant leur goût décidé pour les liqueurs fermentées.

Matières minérales.

Dès qu'ils trouvent quelque chose de succulent, de gras, d'humide et d'onctueux, ils le lèchent et finissent bientôt par l'avaler ; Buffon a vu plusieurs fois un troupeau de cochons s'arrêter devant un monceau de glaise nouvellement tirée et le lécher quoiqu'elle ne fût que légèrement onctueuse ; et quelques-uns en engloutir une assez grande quantité : dans nombre de cas, des hommes et même des peuplades entières ont dû et doivent encore recourir à certaines sortes de terres alimentaires : on pourrait donc utiliser ces corps à la nourriture de la bête en question.

DIRECTION DU RÉGIME.

DES MOYENS AUXILIAIRES NON ALIMENTEUX.

Ils consistent 1° dans le choix des circonstances favorables ;

2° Les modifications artificielles à faire subir aux aliments ;

3° L'emploi de certains agents médicinaux ;

4° L'exécution de certaines opérations chirurgicales.

1° *Circonstances hygiéniques favorables.*

Celles à prendre en considération sont le climat, la saison, la température, l'état de l'air, l'habitation, la conduite de l'animal à laquelle se rapporte tout ce qui est relatif à la propreté, à l'exercice, au repos, à la tenue individuelle ou en troupeau.

Quoique, comme son analogue bipède, le cochon soit véritablement cosmopolite, c'est cependant seulement sous le rapport artificiel; car si on en rencontre dans tous les climats, en nombre de contrées cet animal ne doit son existence qu'aux soins intéressés de l'homme; nous avons remarqué précédemment combien il était sensible au froid; la grande chaleur le fait maigrir considérablement; il périt si elle est assez forte pour griller les arbres; le premier déprime son énergie, préjudicie fortement à son accroissement comme le démontrent le moindre développement et l'infériorité d'aptitude à l'engrais des portées d'hiver comparativement à celles des autres saisons, et le développement généralement majeur des races méridionales de l'Europe.

C'est dans les climats où il gèle le moins qu'il trouve en majeure abondance et pendant un plus long espace de temps de chaque année, les petits rongeurs, les reptiles, les vers, les coquilles, les racines et autres corps inhumés qui constituent une grande partie de sa nourriture, et que le froid fait

disparaître ou qu'il défend contre ses travaux d'ex-—
cavation.

Puisqu'aux environs de Montevideo, la chair des porcs qui se gorgent de chair de bœuf devient coriace au point de cesser d'être mangeable, tandis que Wiborg ne parle point de cet effet en Dane-marck où, cependant, il les gorgeait de viande de cheval, on peut le considérer comme dû à la différence du climat si on ne veut l'attribuer à la diversité des pâtures ou de l'espèce de la matière animale consommée, et à l'état de semi-carbonisation où elle se trouve en Amérique.

Or, quant à l'Europe centrale, la chair de cheval est généralement signalée comme plus dure que celle des ruminants, différence qui peut tenir à ce que, communément, les essais ont été tirés d'animaux âgés dont le système musculaire était durci par de longues fatigues, état dans lequel se trouve également celui des bêtes à cornes américaines qui vivent à l'état sauvage, sont tuées pour la peau, et conséquemment sans distinction d'âge; d'ailleurs, dans le midi de l'Europe, à égalité de circonstances, la viande de cette espèce est plus coriace et moins sapide que dans les climats plus tempérés; et celle de la zone torride en Asie et en Afrique est peu mangeable.

Sites.

Toutes les situations conviennent aux cochons, mais surtout celles où ils peuvent barbotter et chercher de la vermine ; néanmoins ils préfèrent à tout les forêts, à cause des fruits sauvages qu'ils y trouvent en abondance : les bords des ruisseaux herbeux et les pâturages marécageux paraissent convenir le mieux à leur constitution, vu la nécessité de tempérer la chaleur et assouplir la rigidité de leur peau en s'y vautrant dans l'eau et la fange ; et si on pouvait, à cet égard, leur fournir des lieux salubres, on les verrait se mieux porter, le contact et les exhalaisons des immondices délayées dans l'eau sale où ils se plongent, devant leur préjudicier considérablement en restant adhérents à la surface du corps.

Malgré cette disposition de leur part, si on les tient inactifs à la maison, le maintien de leur santé exige une loge sèche et une litière très-propre.

Habitation.

Celle du cochon se nomme *toit;* son étendue sera suffisante, à une tenue propre et à l'aise, et à une alimentation facile ; les murs en seront revêtus de planches, afin d'en prévenir les dégradations; on y évitera par un lavage fréquent l'humidité et toutes vapeurs de déjections; si on laisse croupir sans air la bête dans un lieu étroit et dans la mal-

propreté, la race dégénère, les individus ne pros-
perent point, languissent, dépérissent au contraire,
et perdent leur fécondité.

Cette loge pourra être isolée ou attenante à la
ferme, disposée au midi, de manière à laisser libre-
ment circuler les porcs dont chacun aura un espace
de quinze à trente pieds carrés; le local sera assez
élevé pour permettre de s'y tenir debout et sera
percé d'une fenêtre basse et d'une porte à claire
voie dont la partie inférieure descendra au-dessous
de l'aire, afin qu'avec leurs boutoirs ils ne puissent
la mettre hors des gonds; la partie supérieure en
sera mobile, afin de permettre la circulation de
l'air sans laisser aux animaux la faculté de sortir;
on peut aussi l'ouvrir sur deux faces, ou l'entourer
simplement de petites murailles par dessus lesquelles
on verra manger les habitants.

Le sol aura une pente suffisante pour verser les
résidus et excrétions dans une rigole d'où elles
seront dirigées et rassemblées en un cloaque disposé
de manière à en favoriser le transport; alors, le
point le plus élevé du toit restera toujours à sec; on
ne laissera subsister aucun trou ou intervalle qui
puisse devenir dangereux par les fractures auxquelles les animaux seraient exposés en y engageant
leurs membres.

Si l'aire est pavée de gros grès, le gravier sera renouvelé chaque mois pour ressuyer l'urine; mais
une meilleure méthode consiste à plancheyer le local

en madriers épais criblés de trous par où se vide ce liquide à la faveur de l'élévation du plancher au-dessus de terre, ce qui permet à la litière, qui doit consister en bonne paille souvent renouvelée, de se maintenir sèche, attention d'autant plus essentielle, que le cochon y dort mieux et prospère en conséquence; en avant du toit, une cour servira à le faire manger à découvert sans qu'il puisse s'écarter; une petite réserve couverte de verdure pour le récréer et lui permettre d'aller à l'ombre, à l'eau et au soleil vaut mieux encore.

Aussi un clos à son usage à portée de la maison est une aisance essentielle et très-salubre; on peut le fermer de palissades, le rendre assez vaste pour n'en abandonner qu'un tiers aux gorets, et faire occuper le reste par le tas de fumier et la volaille; dans ce clos, un hangard l'abritera de la pluie; on peut y ménager une marre; il y broute l'herbe et y consomme sûrement les résidus de la cuisine.

Dans certains lieux, les augets sont à moitié en dehors et moitié en dedans de la loge; il faut alors des compartiments pour empêcher les porcs de s'entremordre en y montant; on en perce le couvercle d'ouvertures correspondantes aux fenêtres du toit, afin de donner accès à la gueule de ces messieurs, dont la boisson et l'eau dans laquelle ils pourront se baigner seront aussi propres que possible.

Il est très-convenable de séparer les porcs par

âge pour empêcher les plus forts de dévorer la subsistance des moindres : il est également utile d'isoler ceux en graisse : il faut toujours faire manger à part des cochons plus âgés, ceux des portées subséquentes, si on veut éviter qu'ils n'en soient affamés, maltraités ou même estropiés.

Propreté des habitations.

Si par la chaleur de leur constitution les porcs sont très-disposés au bain, ce n'est pas une raison pour croire que la fiente et la boue leur soient nécessaires ; quand ils sont encore très-jeunes, on les voit déposer leurs excréments dans un coin écarté de l'étable ; s'ils se vautrent dans la fange, dans les mares, dont l'eau est bientôt transformée en boue par leurs mouvements, cette malpropreté n'est qu'une mauvaise habitude contractée par le défaut d'un volume d'eau propre suffisant ; leur aversion pour l'odeur urineuse, démontrée par le moyen employé à Java pour les éloigner des habitations, démontre que dans cette île, ces animaux sont élevés en plein air, et non reclus dans des cloaques infects comme la plupart de ceux d'Europe, région où on suppose que la fiente de volaille les fait mourir, motif suffisant pour l'éloigner de leurs toits.

Au reste, ils semblent éprouver habituellement dans la peau une sorte de prurit qui rend ces immersions nécessaires, ce qui est rendu évident par le plaisir qu'ils éprouvent à être grattés sur le dos et plus encore sous le ventre ; il est en outre prouvé que les cochons n'engraissent jamais bien, et dépérissent même quand on pousse la malpropreté jusqu'à les forcer à coucher sur leurs ordures.

La nécessité du pansage (1) semble démontrée par leur disposition à se frotter à tous les corps durs qu'ils rencontrent, habitude qu'ils ont en commun avec le tapir ; il faut donc les étriller ; peut-être le vautrage n'est-il qu'une manière de se frotter aux corps inégaux et durs mêlés à la boue et un moyen de se débarrasser des insectes cutanés (2) qui les tourmentent continuellement : ce qui s'explique facilement par l'espèce de gale ou d'épiderme en couches assez épaisses qu'on leur enlève à Metz quand on les nettoie après leur mort, opération qui exige des rapes en fer blanc qu'on emploie seulement après avoir arraché les plus longues soies du dos, et détruit les autres au moyen d'un grand feu de paille dans lequel on torréfie légérement la peau de cet infortuné grognard, alors étalé sur trois quartiers de hêtre, comme un héros de l'antiquité sur son bûcher, mode de préparation qui décèle évidemment la crainte d'insectes dans une peau aussi épaisse, aussi salement tenue et devenue presqu'insensible par

---

(1) Action d'étriller et nettoyer la peau et le poil des animaux, et terme originaire de l'académie des chambrées.

(2) Cutané, tout ce qui a rapport à la peau.

l'obésité; il a probablement été reconnu qu'un simple lavage ne suffirait pas pour les détruire; cependant on prétend que cet usage n'est point en vigueur à Paris ni même à Nancy; on fait suivre la torréfaction d'une macération à l'eau très-chaude à laquelle succède la brosse et même le couteau pour racler la peau qui n'est bien nettoyée qu'après un long travail, lequel ne serait certes point nécessaire si l'animal était tenu plus proprement.

Tenue.

Relativement à la tenue et au régime, le cochon doit être considéré individuellement et en troupeau.

1° *Conduite individuelle.*

La manière d'élever et nourrir les cochons varie selon les lieux, du blanc au noir, suivant que l'opinion locale reconnaît de l'importance au choix, à la totalité ou à quelques-uns de ces soins.

Presque partout, ces animaux sont très salement tenus, quoique l'influence des méthodes sur les qualités de la viande et du lard soit assez généralement appréciée. Ainsi ceux nourris par les nègres de Mina ont la chair fade et désagréable; elle ne nuit cependant qu'aux Européens; il n'en est pas de même des porcs entretenus par les Hollandais; ceux de Juda surpassent les cochons d'Europe en délicatesse et en fermeté; mais il paraît que les habitudes et le régime des consommateurs influent beaucoup sur les mauvais effets de cet aliment et peut-être de tous les autres.

Nous considérerons d'abord ces quadrupèdes pendant et après le sevrage.

Après trois semaines d'allaitement, on supprime un tiers de la portée qu'on vend sous le nom de *cochons de lait*; leur chair est alors plus délicate, plus savoureuse, plus facile à digérer que quand on les mange à quinze jours.

Pour tous animaux à la mamelle destinés à la consommation immédiate, on peut flanquer l'allaitement, de lait provenant de femelles d'autres espèces et de toutes substances farineuses délayées dans l'eau.

Pour enlever les petits, on profitera de l'absence de la mère qu'on attirera hors de son toit par quelques friandises, comme deux ou trois poignées de grain.

Sevrer, c'est assujettir graduellement les cochonnets allaités au régime qu'ils doivent suivre après cette époque, c'est-à-dire, à l'usage des matières plus solides desquelles ils doivent subsister pendant toute leur vie, en délayant, pendant les premiers mois, dans de l'eau, du petit lait chaud (température exclue par d'autres comme pouvant donner la diarrhée ou développer une tympanite (1)), du

____

(1) Gonflement considérable du ventre consécutivement à

caillé, du son gras, de la farine d'orge, du seigle ou du maïs, des carottes bouillies, etc., selon les ressources.

On présente à manger peu et souvent, quatre à cinq fois par jour, par exemple, en variant la matière qui, autant que possible, doit être succulente, et dont on fera consommer la totalité; on les nourrit quelquefois de seigle, de pois, d'orge passée à l'étuve, matières qui conviennent parfaitement à leur engraissement, surtout en raison de la contrainte où les mettent ces matières de mâcher fortement le grain desséché, ce qui accélère la chute des dents de lait.

On augmente leur nourriture par l'addition de choux, de pommes de terre et autres racines potagères, et même de quelques herbages quand ils ne sortent pas; la laitue leur plaît infiniment et donne, dit—on, une telle abondance de lait aux truies, que les gorets peuvent être sevrés plus tôt que par tout autre régime, ce qui économise à la fois le lait et le grain.

A deux mois, on les sépare absolument de la mère dont alors ils peuvent se passer, et qu'ils fatigueraient et épuiseraient en pure perte; et on les laisse aller aux champs pour achever de les accoutumer insensiblement au régime des herbes et autres ma-

---

l'évolution des substances gazeuses émanées des aliments soumis à la digestion : c'est le synonyme de météorisation.

tières agrestes dont ils apprennent l'usage sur l'exemple de leur mère ; il est d'ailleurs très-nuisible de les tenir habituellement enfermés en été.

Un goret de six mois, de grandeur moyenne, peut consommer journellement de dix à quinze kilogrammes, et gagne, par cette nourriture, un demi-kilogramme par jour.

Les porcs d'un an et au—delà, exigent les mêmes soins que les gorets, mais n'ont pas besoin de grain.

La direction de l'animal doit être considérée dans deux périodes de la vie ; 1° pendant la jeunesse et le développement durant lesquels il doit être assujetti à un régime ordinaire ; 2° à compter de l'époque où l'inobésation devient utilement praticable.

1° *Régime ordinaire.*

Il sera plus délayant que substantiel et suffisant seulement à entretenir la bête en bon état en diminuant sa voracité, en la rafraîchissant et en la maintenant dans une laxité moyenne ; une nourriture froide ou trop délayée donne lieu au flux de ventre qu'on prévient en reconfortant l'animal de temps en temps d'un peu de grain.

Sa grande propension à s'échauffer par l'augmentation de la chaleur ou l'usage de certaines matières, sa disposition à se déranger sous l'emploi des aqueux et lors d'abaissement subit de la température, exigent que son régime soit varié selon les saisons et l'état météorique de l'atmosphère.

1° *Variations selon les saisons.*

Quelle que soit la méthode adoptée, les cochons seront abrités contre l'ardeur du soleil et les pluies froides et prolongées ; ils ne sortiront point à la rosée, rentreront avant le serein afin de leur ôter l'occasion d'avaler du givre ou de la glace.

En été, on mène paître le porc le matin jusqu'à la chaleur pendant laquelle on le tient à l'ombre et près de l'eau afin qu'il puisse s'y baigner ; ensuite on le reconduit au pâturage ; la proximité des eaux lui est donc indispensable.

D'avril en novembre, on dirigera le troupeau exclusivement sur les jachères, les friches, dans les taillis, les lieux humides et marécageux : on évitera les voieries, les boucheries, les fumiers où les bêtes pourraient s'enterrer et encrasser indécrotablement leurs soies, ce qui est considéré comme préjudiciant à leur développement.

S'ils paissent sur les terres labourées pendant les grandes sécheresses, la poussière qu'ils avalent leur salissant la gueule, irritant les voies de la respiration et occasionnant une toux sèche et fatigante, on doit obvier à ces inconvénients ; d'ailleurs, la sécheresse durcissant le sol, les empêche de fouiller.

En été, les promenades leur sont avantageuses quand le temps est beau, la chaleur modérée, et particulièrement quand elles ne sont pas trop prolongées et que, chemin faisant, les bêtes trouvent de quoi satisfaire la faim et la soif; si la sortie est impossible, on les laissera errer dans la cour de la ferme.

Comme les concombres plaisent beaucoup à ces animaux et leur sont très-salutaires durant les chaleurs, on leur en livrera suffisamment et plusieurs fois par jour, vu la chétive proportion de matière nourrissante qu'ils contiennent.

L'usage à discrétion d'une pièce de terre cultivée en légumineuses, comme trèfle ou luzerne déjà pâturés par les chevaux ou vieillis, leur est très-convenable en été, et utilise les débris de ces plantes et celles qui peuvent y avoir végété accidentellement : une pièce d'eau à portée et une cabane pour les abriter ajoutent à ces avantages ; en Amérique, on suit ce procédé pour les pommes de terre, en parquant les bêtes dans des limites déterminées d'après la quotité de nourriture présumée exister dans le sol et nécessaire à leur subsistance pendant un laps de temps connu : en pleine liberté, ils refusent tout ce qui ne leur convient pas ; on se borne à placer une ou plusieurs auges aux distances nécessaires pour la commodité de l'abreuver.

Quand on est à portée des forêts où les cochons peuvent se gorger de glands ou de faînes, il suffit qu'à leur retour ils trouvent de l'eau blanche ou même de l'eau pure selon leurs besoins.

Est—on voisin de la mer ? le scirpe maritime, les fucus noueux et vessiculeux et d'autres varecs succulents, ainsi que le chou de mer, sont également à utiliser.

En hiver, ils souffrent beaucoup de la malpropreté de leur logement, de l'humidité, de la reclusion et de la mauvaise nourriture ; c'est donc alors qu'il convient plus particulièrement de les tenir chaudement, de veiller à la propreté et à la sécheresse du toit, à l'abondance et au renouvellement de la litière, surtout si la saison est pluvieuse ou le temps très-froid ; il faut alors s'abstenir de leur présenter des choux, des raves, des navets, des citrouilles, des concombres, ou les unir à des correctifs.

2° *Exercice et repos.*

La grande disposition du cochon à se reposer, rester couché et dormir est bien plus l'effet de la surabondance de l'aliment dont on le gorge et de l'habitude de l'inaction à laquelle on le condamne assez généralement, que de son naturel : cette bête, se souciant peu de reclusion, en éprouve les plus grands inconvénients, et fait même de son mieux pour se mettre en liberté : néanmoins, quand on veut la faire voyager, on lui doit des ménagements proportionnés à l'état d'obésité auquel elle est parvenue et à ses habitudes ; des porcs qu'on amène des frontières de Turquie et de Servie au marché de Vienne, ne font qu'une lieue à une lieue et demie par jour.

La ladrerie n'affecte jamais les jeunes cochons ni ceux en liberté ou maigres et vigoureux, non plus que les sangliers; les sujets sédentaires, mal tenus, mal gérés ou à l'engrais, ceux qui, durant les grandes chaleurs, ne peuvent se vautrer, ceux nourris d'aqueux, d'aliments corrompus, ou qui passent de la diète à l'abondance y sont les plus exposés : aussi, anciennement, on avait la coutume de les laisser vaguer dans les rues même des grandes villes, ainsi que cela se pratiqua dans l'île de France, Paris compris, jusqu'à l'accident arrivé à Philippe-le-Bel qui fut renversé de cheval et tué par suite de cet abus qui se maintient encore dans nombre de lieux où, à la vérité, il y a peu ou point de chevaux, comme Malte, Funchall, etc., et est même préconisé par un journal Américain comme à la fois salubre et économique; et comme le Koran ne défend point la chair de cochon sauvage, on peut croire que c'est d'après l'expérience, d'où résulte que l'exercice, l'inaction et le degré de pureté de l'air influent autant que la nourriture sur la salubrité de ce produit.

Conduite de l'animal en troupeau.

Pour peu qu'il soit nombreux, les incartades des sujets exigent un homme pour les diriger, les soigner, remédier à leurs infirmités, partager en temps et lieu les individus en classes convenables à l'économie et à leur conservation : on désigne cet employé sous le nom de *porcher*.

Il les dressera à obéir au son du cornet, et principalement à se rassembler à commandement, afin que lors de la pâture au bois, aucun ne s'égare : ceux des Gaulois étaient si bien habitués, qu'ils accouraient vers le trompette dès qu'ils l'entendaient, et se séparaient avec une facilité égale des porcs d'autres propriétaires avec lesquels ils étaient confondus.

Les anciens composaient leurs troupeaux de cent à cent-cinquante têtes, et ceux des verrats d'un nombre double et au-delà; aujourd'hui nos économistes réduisent ces masses à quarante ou cinquante de divers âges; néanmoins aux environs de Metz et dans le Frioul, aux verrats près qu'on n'entretient plus, l'usage se rapproche de celui des Romains.

Le porcher les fera marcher et paître serrés, les surveillera avec d'autant plus d'attention que leur dispersion est facile et a des résultats souvent fâcheux.

Comme il n'est pas question de chien dans les traités d'hygiène des cochons, et que je n'en ai pas vu employer à maintenir l'ordre dans les troupeaux que j'ai eu occasion d'observer, il paraît que cet agent de police quadrupède n'est pas autant de leur goût que de celui des moutons.

Le porcher se conformera aux principes d'hygiène les moins contestés, comme de ne point sortir, de mai en juillet, avant le lever de la rosée; à compter de ce mois à la fin de septembre, ils iront aux champs dès la pointe du jour, rentreront à dix heures du matin pour y être reconduits à deux heures après midi, et y stationner jusqu'au soir : pendant les autres mois, ils y entreront le plus matin possible et ne reviendront que le soir, excepté pendant les grands froids, les pluies et les neiges.

Le nombre en est-il très-grand ? on les lâche dans les forêts où ils vivent de glands selon la saison : à leur retour, on leur présente de la farine d'ivraie délayée dans l'eau tiède ; on peut aussi faire recueillir ce fruit pour le leur livrer à domicile.

Ces animaux marchant en troupeau ou individuellement, ayant une propension décidée à se jeter dans les cultures, on place au cou des plus mutins un instrument nommé *tribar* de sa composition résultant de l'assemblage de trois barres en bois, décoration qui les empêche de franchir les haies.

Chaque jour, au retour des champs, le troupeau sera abreuvé à satiété; on tiendra prête quelque friandise chaude comme le lait clair, les égouttures de fromage incorporées au son et un peu d'eau au moyen d'une légère ébullition; la certitude de recevoir ce mélange, les détermine à presser leur retour et leur ôte l'envie de vaguer ; il facilite la digestion des pâtures froides prises aux champs, prépare aux bêtes un profond sommeil pour la nuit, et une meilleure santé habituelle ; on utilise, pour ces sortes de potages, les feuilles émondées des arbres, les nettoyures de jardins, et les débris des cuisines tels que fanes, épluchures et trognons de choux, raves, navets, citrouilles, concombres, melons, cosses de fèves et autres légumes, carottes et autres racines, fruits pourris, son d'orge ou de maïs le tout cuit dans l'eau de vaisselle, et d'où résulte une ressource à estimer surtout quand le temps est variable ou mauvais ; on y peut joindre les résidus des brasseries.

Dans les pays chauds, où l'ardeur de la température dépouille le sol de toute verdure pendant plusieurs semaines de chaque année, on nourrit le cochon de chair de tortue, de figues, de rafles de raisins, pêches, maïs, résidus de sucre, sagou, cocos, cannes à sucre, mélasses, etc. : les résidus de sucre et la chair de tortue qui sont spécialement en usage aux Indes Orientales, développent un lard très-succulent ; les Romains attendaient un semblable résultat, quant au foie, des figues et du vin miellé.

Quoiqu'on ait dit au sujet des mauvais effets du froid sur les porcs, ils ne doivent néanmoins être mis à la glandée en liberté que par un temps froid et sec, car pour peu qu'il fasse humide ou chaud, ils se bornent à fouir la terre pour y chercher les racines et la vermine, ce dont on les détourne en infibulant leur boutoir.

J'ai déjà fait sentir la nécessité d'éviter à ces animaux les grands coups de bâton, vu la tardive ossification des pièces de leur squelette, la grande fragilité de leurs os durant leur jeunesse, et la lenteur de la consolidation de ces fractures comparativement aux blessures incisées.

Régime du verrat.

Les tourteaux donnant un lard insipide, huileux, mollasse, étant en outre moins nutritifs que beaucoup d'autres matières, sont réservés au verrat pendant ses vacances ; il en est de même de la drèche.

Deuxième période ; Inobésation.

Le cochon souffrant beaucoup des deux extrêmes de la température, et plus encore des transitions brusques si fréquentes au printemps, il en résulte que l'arrière-saison est l'époque la plus convenable à l'engraissement ; une élévation mercurielle de 10 degrés sur zéro (R) est la plus favorable ; l'abondance des fruits, ordinaire alors, celle des résidus des récoltes, facilitent cette modification du régime ; cette saison paraît d'ailleurs la plus favorable à la formation de la matière sébacée ; en effet, en automne le gibier engraisse en peu d'heures, et à l'aspect du temps, les chasseurs savent juger de la journée où il doit s'emplir le plus promptement ; un ciel un peu sombre, un brouillard épais suffisent pour donner les plus hautes qualités à des grives qui ne valaient rien la veille ; c'est l'effet de la diminution notable de la transpiration conséquemment à l'état hygrométrique de l'air et à l'abaissement de la température conséquemment à une majeure absorption des matières aqueuses et autres émanations dissoutes ou simplement suspendues dans l'atmosphère.

Details du procédé.

Il est bien entendu que l'on continuera l'usage de toutes les précautions précédemment énoncées.

Deux à trois jours avant de rappeler les cochons des champs pour être engraissés sous le toit, on les nourrira moins, et on pourra même les faire jeûner afin de les prédisposer à manger avec plus d'appétit les nouveaux aliments qu'on leur préparera.

Par le détail des soins, on sera frappé du rapport étonnant des précautions accessoires nécessaires à l'Inobésation du porc avec celles dont se font entourer certaines importances humaines , comme l'éloignement scrupuleux de toute cause d'agitation , et en conséquence de toute personne mal élevée, un air tranquille, doux et stagnant, le défaut de tous mouvements, un lit mollet, un doux repos, une tenue soignée, un petit jour, des aliments choisis, chauffés et aromatisés ; parties constitutives du régime attribué par Boileau (1) à certains chanoines de son temps.

> Dans le réduit obscur d'une alcove enfoncée
> S'élève un lit de plumes à grands frais amassée ;
> Quatre rideaux pompeux par un double contour
> En défendent l'entrée à la clarté du jour ;
> Là, parmi les douceurs d'un tranquille silence
> Règne sur le duvet une heureuse indolence ;
> C'est là, que le prélat, muni d'un déjeûner,
> Dormant d'un léger somme, attendait le dîner.
> La jeunesse en sa fleur brille sur son visage ;
> Son menton sur son sein descend à double étage ;
> Et son corps ramassé dans sa courte grosseur
> Fait gémir les coussins sous sa molle épaisseur ;
> La Déesse en entrant qui voit la table mise
> Admire un si bel ordre et reconnaît l'Eglise !

On éloigne donc des cochons en graisse leurs confrères trop grognards, dont l'humeur turbulente ne peut qu'être opposée à l'heureuse quiétude nécessaire au but qu'on se propose.

Ils ne sortiront jamais de leur toit, n'auront de jour que par la porte qui restera ouverte seulement aux instants du service ; ils y seront tenus proprement ; si le temps est froid, on leur présentera leur nourriture tiède ; on peut même chauffer modérément le toit.

---

(1) Satyres et œuvres de Boileau, Lutrin, chant Ier, p. 225. Paris, 1765, in-8°.

Pendant les huit premiers jours, on les régale d'une bouée de choux, raves, ou son cuits dans l'eau de vaisselle ou le petit lait ; on y ajoute un picotin d'orge et autant d'avoine crue.

Pendant les huit jours suivants, on leur donne simplement la bouillie à discrétion, et sur la fin on la compose de son et on lui donne une consistance fort épaisse ; on en continue l'emploi jusqu'à la fin de l'engraissement qui dure deux mois.

Le premier effet de cet état consistant dans la diminution progressive de l'appétit à mesure qu'ils avancent en graisse, les aliments doivent être variés, en commençant par les moins appétissants et les moins nutritifs et finissant par les plus substantiels et les plus friands : une fois gras, ils en ont toujours au-delà de leurs désirs et restent immobiles à la même place comme privés de sentiment et de locomotilité (1).

Quand l'obésité est arrivée au point de diminuer très-sensiblement l'énergie, on présente à l'animal, peu à la fois pour la lui faire désirer, une bouillie claire de farine grossièrement moulue dont on augmente progressivement la consistance jusqu'au degré de pâtée imprégnée seulement de la quantité d'eau nécessaire pour la détremper.

Les repas auront lieu de quatre en quatre heures et seulement après que les cochons auront fait plan-

____

(1) Faculté de changer de position.

che nette ; on stimule l'appétit par la salaison et l'antimoine dont on saupoudre les aliments avec la pointe d'un couteau.

Dans les lieux où on utilise le petit lait ou le lait acidulé, il faut à un porc d'un an celui de trois à quatre vaches et un été entier ; on le vend en septembre, l'inobésation ayant commencé en mai ; à six mois, il en peut consommer 36 kilogrammes par jour.

L'engrais par les marcs de la distillation de l'eau-de-vie est en faveur dans les localités où cette industrie forme une branche considérable du revenu des habitants ; il en faut 144 kilogrammes par semaine à un porc de moyenne taille âgé d'un an : une ration plus forte est nécessaire à une bête plus âgée, plus élevée en taille, si on prétend à des résultats majeurs ; au commencement de l'engraissement, certains porcs mangent même de 30 à 32 kilogrammes de fécule par jour : ce n'est qu'au bout de dix-huit mois qu'ils deviennent parfaitement obèses par ce régime, qui donne un lard mollasse, insipide, et peu de saindoux.

Pour en obtenir davantage avec un bacon épais, choisissez des porcs gros et âgés et mettez-les à l'engrais de la fécule ; mais comme elle communique moins de saveur et coûte davantage, on en évite les inconvénients dans les distilleries en entreprenant d'inobéser seulement des individus âgés de moins d'un an ou même de trois mois, et en bornant la durée de l'engraissement huit semaines durant lesquelles certains porcs ont consommé jusqu'à 2300 kilogrammes de fécule, pour arriver au poids de 32 à 50 kilogrammes, il est à peu près inutile d'essayer de prolonger ce régime.

Selon une opinion générale aux environs de Copenhague, la fécule acidule convient autant à l'inobésation que celle qui n'a point éprouvé cette altération; Wiborg prétend cependant avoir expérimenté souvent le contraire, la faim seule déterminant les cochons à en manger, et leur poids ayant diminué quoiqu'ils en eussent consommé jusqu'à 184 kilogrammes.

Après l'extraction de l'eau-de-vie, le riz sert à Siam à engraisser ces animaux, où la consommation en est d'autant plus grande qu'il est défendu de toucher à la viande des bêtes à cornes qui sont supposées la résidence des dieux du pays; les cochons ne s'y nourrissant que de racines, acquièrent une grande supériorité en qualités comestibles; leur graisse ne durcit jamais.

Ceux très-gras étant sujets à l'anasarque (1) et à périr promptement de gastrite, il faut en terminer l'existence; on doit les mettre à la diète et à l'eau blanche deux jours avant cette opération.

____

(1) Sérosité répandue entre les chairs.

Moyens médicinaux relatifs à l'Inobésation.

J'ai décrit précédemment les modifications déprimantes pour le système, conséquentes au régime d'engraissement : on prévient les conséquences fatales dont ces signes sont les avant-coureurs par les moyens suivants :

Quand le cochon devenu presque gras vomit à chaque instant, supprimez ses aliments grossiers ; donnez-lui des fèves dans un peu d'eau ; si le mal persiste, mettez-le à la diète absolue des solides et des liquides pendant vingt-quatre heures ; ensuite faites-le évacuer du haut et du bas.

Sa gloutonnerie le rend en tout temps très-sujet aux maux de rate dont les anciens prétendaient le guérir en l'abreuvant habituellement dans des auges de tamarisc et en éteignant dans l'eau de sa boisson des charbons de *Myrica gale.*

Mais en France, il est plus usuel de laisser habituellement dans son auge un morceau de fer, et il paraît qu'en général les martiaux, les amers, les acerbes et les astringents, les fruits sauvages de même qualité, les écorces de chêne, le tan ajoutés à la nourriture à la fin de l'Inobésation lui sont fort utiles.

On peut considérer comme des auxiliaires efficaces à l'engraissement tous les moyens qui agissent en modérant les pertes en sensations et en sécrétions :

tels sont principalement les narcotiques (1) parmi lesquels on distingue d'abord l'ivraie qui, en outre, est très-nourrissante : ainsi l'eau tiède mêlée d'un peu de son ou de farine d'ivraie endort les cochons et les met en état de mieux profiter de leur nourriture ; on la leur présente au retour des champs.

Les Américains considèrent comme un auxiliaire préférable aux solanées (2) et à l'ivraie, un mélange d'antimoine et de soufre qui, outre un effet doucement évacuant et augmentant la transpiration, les prédispose au sommeil ; mais je crois qu'il agit bien plus réellement en déprimant le principe vital ; la saignée produit le même effet.

Diverses borraginées (3) et surtout la cynoglosse, les solanées et particulièrement la morelle noire, les bouillons blancs et noirs, la jusquiame, la mandragore, la pomme épineuse sont considérés comme des calmants utiles propres à assoupir les porcs, et conséquemment à modérer les déperditions, mais peuvent les empoisonner, motif pour n'employer ces moyens qu'avec précaution ; dans quelques contrées, on emploie au même usage la décoction des feuilles de chanvre.

L'antimoine natif (le sulfure) à petites doses ex-

----

(1) Substances qui assoupissent.

(2) Plantes ressemblant aux solanées, telles que la pomme de terre, la jusquiame, la morelle, etc.

(3) Végétaux qui ressemblent à la bourrache.

cite leur appétit sans leur causer de nausées, à moins qu'ils ne soient nourris d'acides ou de lait acidule, cas dans lequel on doit donner ce minéral à moindre dose; elle a été fixée par Wiborg, le plus expérimenté des Vétérinaires en la matière, à quatre grammes par jour pour un cochon de six mois, réitérée pendant plusieurs jours : on sait que le nom d'antimoine est dérivé de l'essai qu'en fit sur ses moines un prieur du douzième siècle encouragé par le bon effet qu'il en avait observé sur les porcs en graisse du couvent, et guidé par cette heureuse analogie que j'ai plus d'une fois signalée dans cet ouvrage; les bons pères furent immédiatement expédiés en paradis.

L'usage habituel du mercure coulant dans les aliments, n'empêche point l'évolution de l'orgasme vénérien (1) comme l'avaient supposé les anciens : mais cet effet a lieu sous l'emploi de l'acétate de plomb, moyen d'ailleurs trop dangereux, même à la dose la plus légère, pour que j'en conseille l'emploi.

Moyens chirurgicaux.

On peut ranger dans cette catégorie; 1° la castration; 2° les petites saignées répétées; 3° la privation du mouvement et de la vue.

Dans ce pays, la castration est abandonnée à de simples paysans qui opèrent de trois à six semaines,

_____

(1) Vulgairement Rut.

les petits cochons par ratissement, ce qui est l'affaire d'un clin d'œil, n'est jamais suivi d'hémorragie ni d'autres accidents : en moins d'un quart d'heure ils en ont expédié une vingtaine.

La vision consommant une proportion plus considérable d'esprits vitaux que les autres sens, ainsi qu'il est évident par la supériorité d'embonpoint à égalité de santé, de régime et de travail de tous les chevaux aveugles comparativement à ceux doués de la faculté de voir, il en résulte qu'en privant de la vue sans le faire souffrir, l'animal destiné à être engraissé, on doit arriver plus promptement et plus complètement au but qu'on se propose ; beaucoup de porcs en meurent quand on les opère maladroitement ; la reclusion dans la plus profonde obscurité est un moyen plus simple d'obtenir le résultat désiré et y concourt en leur ôtant toute idée de mouvement, but dans lequel on a même tenté d'assurer la plus parfaite immobilité en leur entreprenant les quatre membres dans une planche percée exprès ; mais je crois que l'agitation résultant de la gêne qu'ils éprouvent dans cette position doit avoir un résultat opposé ; on entrave aussi quelquefois les cochons dans un pré, en bornant l'étendue du point abandonné à leur consommation au moyen d'un licou et d'une longe fixée à un anneau tournant sur piquet.

On a proposé comme moyen de faire parvenir plus promptement ces bêtes à l'engrais et de prévenir leurs dégâts, de leur casser les incives et de leur fendre les narines.

Modifications des matières alimentaires.

L'expérience a fait connaître l'utilité, pour le porc, de diverses préparations culinaires analogues à celles usitées pour l'homme : elles consistent dans la division par le tranchant, la meule ou la cuisson, la germination, la fermentation, le mélange et l'assaisonnement des substances à employer.

Quoiqu'on utilise toutes les parties des plantes et des animaux, les procédés artificiels atteignent plus particulièrement les racines et les semences.

Modifications des racines.

On ne donnera jamais au quadrupède dont nous nous occupons, les racines entières ni crues ; il est même très-prudent de les laver soigneusement avant de les soumettre aux préparations ; on hache spécialement les pommes de terre, les carottes, les navets, les topinambours, et tous les tubercules et fuseaux d'un certain volume au moyen d'un instrument ad hoc, quand on a à nourrir beaucoup de bétail ; on les soumet également à la cuisson qu'on effectue économiquement à la vapeur.

Le mieux est de bouillir et de délayer ; mais on jette la décoction des pommes de terre comme dégoûtant les cochons et pouvant même les narcotiser, ce qui arrive principalement quand, par la rareté de l'eau, la pauvreté force à employer plusieurs fois le même liquide, ainsi qu'on en a eu l'exemple à Paris ; en tous cas, il faut y associer du son ou de l'orge grugée.

On se rappelle encore dans nos campagnes l'air de jaloux appétit avec lequel les Russes assistaient aux repas des cochons qu'on restaurait de pommes de terre non pelées cuites à la vapeur ; l'eau leur en venait à la bouche, et si on ne les eût gardés à vue, ils se seraient infailliblement et forcément constitués leurs commensaux.

Mouture.

Elle a plusieurs degrés : les grains sont simplement égrugés ou concassés, ou sont complètement réduits en farine ; le premier mode est usité pour le maïs, le seigle, l'avoine, l'orge, le sarrazin, les pois, les fèves.

On donne les pois entiers ou grugés ; mais ils sont plus efficaces quand on les a fait germer et ensuite dessécher pour les moudre.

Cuisson.

Une demi-cuisson augmente notablement l'avidité du porc pour les substances employées à sa nourriture et à la facilité d'y incorporer des chicoracées, les borraginées, les ombellifères, les chenopodées (1);

____

(1) Qui ressemblent à la patte d'oie, au bon henri, etc.

13*

les crucifères, les cucurbitacées, les objets moulus, les criblures et autres résidus ci-devant désignés, ainsi que les matières stupéfiantes qu'on utilise dans le même but.

Les pommes, poires, prunes, etc. sauvages sont, en certaines années, d'une abondance extraordinaire dans les forêts, mais seraient peu nutritives si on n'en augmentait les qualités par la cuisson et la fermentation.

C'est ainsi qu'on forme les repas à offrir à ces animaux à leur retour des champs et à leur réitérer le matin avant leur départ, afin de prémunir leur estomac contre les effets de la fraîcheur du givre et des herbes nuisibles qu'ils peuvent rencontrer : par ce procédé, sept à huit semaines suffiront pour les engraisser, surtout si les glands et les châtaignes ne manquent pas ; la chaleur des matières offertes à la maison concourent essentiellement à cet effet.

Le seigle se donne moulu ou ramolli, ce qu'on étend quelquefois à l'avoine.

Les tiges de trèfle rouge séchées et hachées menu, ramollies par l'eau bouillante, peuvent alors profiter au cochon, surtout si on y ajoute du grain moulu : on en donne de huit à dix kilogrammes par jour.

Germination.

Une multitude d'observations prouve la supériorité nutritive des grains et fruits germés sur ceux

encore exempts de cette modification, qui augmente
notablement les qualités alimentaires de ces substances, avantage probablement dû à l'évolution de la
matière sucrée.

Les grains sur lesquels on en a éprouvé l'utilité
sont le seigle, l'avoine, l'orge, le gland; il est même
nécessaire de ramollir l'avoine, autrement les porcs
la jettent après l'avoir sucée : on doit la saler par
couches et la laisser acidifier.

Quant aux glands, on les place dans une fosse
où on les arrose d'eau légérement salée et où on les
enterre ensuite : dès qu'ils ont germé, on les dessèche sans les torréfier, on les égruge et on en donne
le produit délayé dans l'eau : cette méthode est d'autant plus utile qu'elle facilite la conservation de ces
fruits, permet de les employer l'année suivante, et
ainsi de suppléer au défaut de ceux de l'année courante, les chênes ne portant que tous les deux ans :
la puissance de leurs qualités nutritives exige qu'on
n'en donne que fort peu et qu'on les alterne avec
d'autres aliments; ils nourrissent moins s'ils n'ont pas
été égrugés.

En emplissant de fumier de cheval frais un baril
défoncé à un bout qu'on place sur le fond fermé dans
le coin le plus chaud d'une étable et en superposant
à ce fumier un mélange de son, balles de seigle,
grains vides, rinçures, eau chaude et un peu de
levain, on prépare à ces quadrupèdes un mets convenable pour l'hiver, lequel ne doit leur être présenté

qu'à chaud et délayé dans un peu d'eau de même température.

Mélanges.

En général, les mélanges et les assaisonnements sont plus avantageux dans l'Inobésation des cochons que l'emploi isolé des matières dans leur état naturel, l'action des unes corrigeant les mauvais effets des autres : de là, une deuxième cause de l'utilité d'une sorte de cuisine pour ces bestiaux, d'autant plus que le lard d'une seule substance et celui formé par sa préparation à l'état de délayant est toujours moins ferme que celui résultant de l'emploi soit successif, soit simultané de plusieurs aliments offerts en bonne consistance.

On doit mêler de la balle au grain pour en tempérer les qualités nutritives ; du grain aux tiges des végétaux hachés, et de la farine au son pour les augmenter : mais le mélange de petit lait et de farine communique à leurs chairs la faculté de se conserver plus long-temps, leur donne plus de saveur, blanchit et affermit la graisse, observation également faite sur les veaux et les bœufs.

Si on est à portée des laiteries, brasseries, distilleries, etc., le toit sera placé de manière à pouvoir en recevoir les résidus par des canaux, sans restreindre la liberté de l'animal.

Assaisonnements.

La salaison des aliments contribue à augmenter l'appétit des porcs en les faisant boire abondamment, ce qui accélère l'Inobésation.

L'addition à la nourriture de quelque substance astringente comme le tan, l'écorce de chêne, les fruits acerbes et amers, donne au bacon la consistance requise; l'emploi d'un vase de fer pour préparer leur cuisine, l'abandon d'un vieux boulet rouillé dans leur auge concourent au même effet.

On divise et on mêle la matière des tourteaux de marcs de lin, navette, colzat, pavot, chenevis, noix, etc., avec des racines potagères cuites pour en former une pâte liquide plus délayante que substantielle, qui est le régime ordinaire des cochons jusqu'à l'époque où on les engraisse.

On saupoudre de son, thym, sauge et sel les carottes et autres racines cuites pour aromatiser le lard: on peut aussi abandonner aux porcs un champ de ces racines.

———————

Je terminerai cet exposé par quelques notions sur les poids et mesures dont je me suis servi, et qui sont tantôt les anciennes et tantôt les décimales.

La livre ancienne correspond à un demi-kilogramme; conséquemment cette dernière mesure représente deux livres anciennes en compte rond.

L'once est composé de huit gros correspondant à 32 grammes.

L'hectogramme équivaut à trois onces.

Le litre correspond à la pinte (à Metz *bouteille*), laquelle pèse 32 onces ou un kilogramme.

L'ancienne chopine équivaut à une livre ou demi-kilogramme.

Demi-setier est synonyme de demi-chopine et pèse une demi-livre ou un quart de kilogramme.

FIN.

TABLE DES MATIÈRES.

Avertissement, page v
Deux mots sur l'épître à dom Grognard, xiij
Epître à dom Grognard, xv
Titre I. Suinostique, 1
I. Dénominations. Cochon, Porcus, Pourceau, Porc, Verrat, Truie, Coche, Goret ou Gourri, Marcassins, Hognés, ib.
II. Historique ; cochon fossile ; état ancien ; prohibitions ; utilité ; 5
III. Comestibilité ; motifs des prohibitions, 8
IV. Conformation extérieure, 11
  A. Proportions, ib.
  B. (a) Description sommaire, 14
    (b) Partie vertébrée, 15
    (c) Membres, 17
    (d) Robes, 18
    (e) Connaissance de l'âge, 20
    (f) Races, 23
      1° Sanglier et cochon sauvage, 24
      Caractères du cochon sauvage, 26
      2° Babiroussa, 27
      3° Pecari, 28
      4° Races Asiatiques, 29
      5° ——— d'Europe, 30
      6° ——— Françaises, 32
      7° ——— Arrondissement de Metz, 33
V. Sensations, 34
  Toucher, 35
  Goût, 37
  Vue. Ouïe. Odorat, 38

VI. Moral ; habitudes,   39
    Sociabilité,   43
    Habitudes de propreté, etc.,   50
    Allures,   52

VII. Génération. Choix des procréateurs,   53
    Exemples remarquables de fécondité ; truie d'Enée,   56
    Rut. Saut,   57
    Gestation,   58
    Part,   59
    Allaitement,   62
    Sevrage. Castration,   64

VIII. Aperçu anatomique des principaux organes qui
    concourent à l'assimilation,   66
    1° Mode d'exercice de la puissance assimilatrice dans
    tous les quadrupèdes,   79
    2° Puissance assimilatrice considérée particulière-
    ment dans le cochon,   91

IX. Développement,   94

X. Tempéraments. Généralités,   97
    Système cutané et pileux,   101
    1° Nuance,   ib.
    2° Consistance,   103
    3° Erection,   104
    Système urinaire,   105
    Effets des agents extérieurs,   106
    (a) Influence du froid et du chaud,   ib.
    (b) Sec et humide,   110
    Effets de quelques substances médicinales,   114
    Matières à effets peu connus,   122
    Venins,   ib.
    Résumé général de l'article tempérament,   123

Titre II. Suinomie,   128
    Nécessité de créer un mot pour remédier à une ex-

pression d'une inconvenance exorbitamment ridi-
cule,   ib.
Exemples de quelques autres modes vicieux de s'ex-
primer,   129
I. Prédisposition, choix des sujets, circonstances favorables,   131
Exorbitante voracité du cochon,   132
II. Modifications occasionnées dans l'état et la santé du
sujet par l'inobésation,   137
1° Amélioration des produits,   139
2° Substances transmettant de mauvaises qualités à
la matière comestible,   141
3° Matières réputées nuisibles à la santé,   143
Bryone, ivraie, solanées, chanvre, houblon,
sclerote fasciculée, poivre noir, aconit,   145
4° Matières à double effet,   146
5° Modification du système par le régime d'inobé-
sation,   149
III. Examen des moyens d'inobésation,   151
Moyens alimentaires,   ib.
A. Grains et autres corps féculents,   152
Résidus d'autres matières végétales,   160
Matières animales,   161
Liquides,   164
Matières minérales,   165

DIRECTION DU RÉGIME.

Moyens auxiliaires non alimenteux,   ib.
1° Circonstances hygiéniques favorables,   166
Sites,   168
Habitation,   ib.
Propreté des habitations,   171
Tenue,   173
Conduite individuelle,   ib.

I. Régime ordinaire,   176
    1° Variations selon les saisons,   177
    2° Exercice et repos,   179
    5° Conduite de l'animal en troupeau,   180
Régime du verrat,   184
Deuxième période ; Inobésation,   *ib.*
Détails du procédé,   185
Moyens médicinaux relatifs à l'Inobésation,   190
Moyens chirurgicaux,   192
Modifications des matières alimentaires,   194
———————— des racines,   *ib.*
Mouture,   195
Cuisson,   *ib.*
Germination,   196
Mélanges,   198
Assaisonnements,   199

FIN DE LA TABLE.

ERRATA.

Page 73, ligne 8, afférents ; *lisez :* efférents.

—— 82, en note, ligne 2, on le vit après faire divers essais se lever, etc. ; *lisez :* on le vit bientôt faire divers essais pour se lever, etc.

—— 90, ligne 26, muscosités ; *lisez :* mucosités.

—— 96, ligne 19, mammoutisation ; *lisez :* mammontisation.

—— 126, ligne 7, strathioles ; *lisez :* strathiotes.

9 782329 407609